U0194865

大连地区
海产贝类原色图鉴

COLOR ATLAS OF MARINE MOLLUSKS IN DALIAN

姜大为　赵　静　王路平　印明昊　等　编著

中国农业出版社
北　京

本书编委会

主　任　韦　敏

委　员　李　赟　孙　强　梁忠德　马明慧

主　审　王仁波

编著者　姜大为　赵　静　王路平　印明昊　程　远　李林晗

　　　　许祯行　杜　鑫　曾　晨　李多慧　高志鹰　罗耀明

　　　　李　勇　闫　龙　吴江奕　余小凤　李建华　王　冲

　　　　乔　壮　张晓芳　李晓雨　田甲申　刘志华　张爱丽

前　言

　　大连市濒临黄、渤海，地理位置特殊，渔业资源丰富，分布着种类繁多的水生贝类，是我国贝类多样性较丰富的地区之一。1982年，赵汝翼教授主编了一部记录大连地区海产贝类的图书——《大连海产软体动物》。然而，随着大连市海洋经济的高速发展，海洋生态环境发生了巨大的变化，生物多样性也随之发生较大变化，需要更准确地反映大连市海洋贝类生物多样性和资源现状，以适应科研、教学、交流和物种多样性保护的需求。为此，大连市水产研究所开展了大连近海贝类的调查和研究。

　　本书是在大连近海贝类调查和研究的基础上，参考国内外文献编著而成。内容涵盖大连近海贝类243种，隶属5纲、86科。其中，有8种为中国沿海首次记录，1种为中国大陆沿海首次记录，1种为黄海首次记录，3种为渤海首次记录，2种为辽宁沿海首次记录，40种为大连沿海首次记录。书中对常见海洋贝类的种类鉴定、系统演化、贝壳构造、标本采集与保存等相关生物学知识做了简要的描述，附有原色照片，部分物种还添加了活体的生态照片。

　　本书的出版，凝聚了大连市水产研究所全体科研人员多年的心血，大部分种类标本是通过新近采集的鲜活实体制成，实现了同一物种多次、多地取样和拍摄，力求较全面地为读者展现大连现生贝类的基本面貌。相信本书的出版，将为广大读者提供一本地域特点明显、内容翔实、图文并茂的大连近海贝类专著。

　　本书得以编著完成，承蒙王仁波教授的鼎力支持和悉心指导。王仁波教授自20世纪80年代起就开始致力于贝类研究，多年来亲自前往世界各地收集样品，目前收藏的贝类样品多达万种。书中部分新发现种和记录种贝类标本由王仁波教授提供。在调查和图书出版过程中，还得到了大连市财政局和各级渔业行政主管部门的大力支持与帮助，在此一并致谢。

　　在本书的编写过程中，我们始终怀着十分谨慎的态度，但由于业务水平和文献资料的限制，难免有不足和谬误之处，恳请国内外同行及广大读者给予批评指正。

编著者

2019年6月

目 录

CONTENTS

一、贝类介绍与构造图例

贝类在动物学分类上属于软体动物门（Mollusca）。其中，大部分种类与人类生活密切相关，具有食用、药用、收藏和观赏的价值，还有一些小型种可以制成动物的饲料。贝类种类繁多，形态各异，根据它们身体构造的不同，现生种类通常被划分为7个纲，即无板纲（Aplacophora）、多板纲（Polyplacophora）、单板纲（Monoplacophora）、腹足纲（Gastropoda）、掘足纲（Scaphopoda）、双壳纲（Bivalvia）和头足纲（Cephalopoda）。无板纲和单板纲动物种类很少，在我国海域鲜有报道，本次调查均没有发现。

▶ 多板纲 Polyplacophora

多板纲动物比较原始，身体通常背腹扁平，大多呈椭圆形，上有覆瓦状排列的8块壳片。头部位于腹面的前方，呈圆柱状，头部有一短而向下弯曲的吻，吻中央为口。足位于头部的后方，占腹面的绝大部分。肛门位于身体腹面的后部。

多板纲分类术语

1. 壳板（shell plate） 壳板共8块，按其形态位置可分为三类：头板（cephalic plate），位于身体最前端的1块，呈半月形；尾板（tail plate），位于身体最后的1块，呈元宝状；中间板（intermediate plate），位于头板和尾板中间的6块，形态构造基本相似，仅大小略有差异。

2. 盖层（tegmentum） 在壳板的上层，具有各种花纹和颜色，露于体外。

3. 连接层（articulamentum） 在壳板的下层，白色，被盖层和环带所遮蔽，不外露。

4. 缝合片（sutural lamina） 除头板外，在每一块壳板的前面两侧，由连接层伸出较薄的片状物。

5. 嵌入片（insertional lamina） 在头板的腹面前方、中间板的腹面后方两侧和尾板的后部，片上常有裂齿。

6. 峰部、肋部和翼部 每一块壳板按外形可分为3部分：中央隆起部称为峰部，壳板前侧方为肋部，壳板后侧方为翼部。

7. 环带（girdle） 在身体背面贝壳的周围有一圈外套膜，称为环带。环带上生有各种类型的小鳞、小棘、小刺、针束等附属物。

8. 外套沟（pallial canal） 身体腹面足部与外套之间的狭沟。

9. 鳃（branchia） 羽状，通常环列于足两侧的外套沟内，数目自6对至88对不等。鳃的数目多少因种类而异。

10. 微眼（aesthetes） 贝壳表面特殊的感光器官，在微眼中有角膜、晶体、色素层、虹彩和网膜，其基本构造与眼近似。

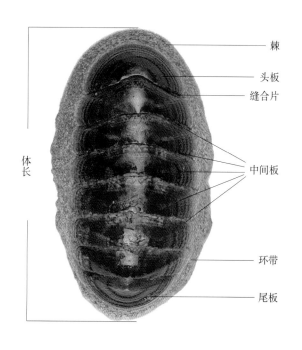

棘
头板
缝合片
中间板
体长
环带
尾板

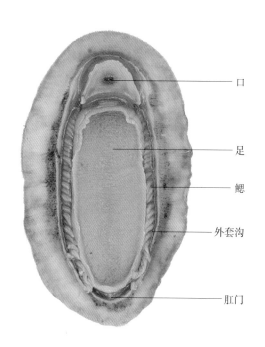

口
足
鳃
外套沟
肛门

▶ 腹足纲 Gastropoda

腹足纲动物因足位于腹部，故名为腹足纲，是软体动物门中种类最多的一个纲。这类动物具有一个不对称的石灰质贝壳。贝壳由螺旋部和体螺层两部分组成，形状千姿百态，壳表面具螺肋、棘刺、颗粒或结节突起等，并有色板或色带，有的被有壳皮或壳毛。壳口有圆形、卵圆形、三角形或狭窄形。壳口处多数有一个角质或石灰质的厣，又称"口盖"，位于足的后端。腹足纲动物根据其身体构造的不同，又分为前鳃亚纲、后鳃亚纲和有肺亚纲。

腹足纲分类术语

1. 螺层（spiral whorl） 贝壳每旋转1周称为1个螺层。

2. 缝合线（suture） 两螺层之间的界限。

3. 螺旋部（spire） 动物内脏囊所在位置，可以分为许多螺层。

4. 体螺层（body whorl） 贝壳的最后一层，它容纳动物的头部和足部。

5. 壳顶（apex） 螺旋部最上的一层，是动物最早的胚壳，有的尖，有的呈乳头状，有的种类壳顶常磨损。

6. 螺轴（columella） 螺壳旋转的中轴。

7. 壳口（aperture） 体螺层的开口称为壳口，它可分为不完全壳口和完全壳口。不完全壳口是指壳口的前端或后端常有缺刻或沟，前端的沟称前沟（anterior canal），后端的沟称后沟（posterior canal）；壳口大体圆滑无缺刻或沟，称为完全壳口。

8. 内唇（inner lip） 壳口靠螺轴的一侧。在内唇部位常有褶襞，内唇边缘也常向外卷贴于体螺层上，形成滑层或胼胝。

9. 外唇（outer lip） 内唇相对的一侧。外唇随动物的生长而逐渐加厚，有时也形成具齿或缺刻的外唇窦。

10. 脐（umbilicus） 螺轴旋转在基部遗留的小窝。脐的大小、深浅随贝类种类有别而不同。

11. 假脐（pseudo-umbilicus） 由于内唇向外卷曲在基部形成的小凹陷。

12. 螺肋（spiral costae） 壳面上与螺层平行的条状肋。

13. 纵肋（axial costae） 壳面上与螺轴平行的条状肋。较粗的突起肋，也称纵肿肋。

14. 肩角（nodules） 螺层上方膨胀形成肩状突起，肩角的上部称肩角面。

15. 棘刺（spines） 壳面上的针状突起，较短的称棘，细长的称刺。

16. 绷带（selenizone） 位于体螺层前端脐孔的上方。

17. 厣（operculum） 由足部后端背面皮肤分泌形成的保护器官。厣有角质和石灰质两种，其大小、形状通常与壳口一致，厣上有生长线与核心部。当动物缩入壳内时，可盖住壳口，但有的种类厣较小，不能盖住壳口，也有的种类无厣。厣的形态和大小，是腹足纲动物分类的依据之一。

18. 颚片（jaw） 位于口腔内，几丁质。颚片的有无和数目因种类不同而异。

19. 齿舌（radula） 位于口腔底部，由许多分离的角质齿片固定在一个基膜上构成，呈带状。齿片分中央齿1枚，侧齿和缘齿各数枚。如鲍类的齿片平均有108横列，每一横列有中央齿1枚；侧齿在中央齿的两侧，左右各5枚；缘齿在侧齿的两侧，数目极多，可以用公式（齿式）来表示，即 $\infty \cdot 5 \cdot 1 \cdot 5 \cdot \infty \times 108$。

20. 本鳃（ctenidium） 在发育过程中最初出现而在成体时仍被保留的鳃，由外套腔内表皮伸展而成。本鳃又分楯鳃和栉鳃。楯鳃的鳃叶排列在鳃轴的两侧，呈羽状；栉鳃的鳃叶仅在鳃轴的一侧，呈栉状。

21. 二次性鳃（secondary branchia） 本鳃消失后，在身体其他部位重新生出的鳃。

22. 壳长（shell length） 壳顶至基部的距离。

23.壳宽（shell width） 体螺层左右两侧最大的距离。

24.贝壳左旋（senistral）和右旋（dextral） 将壳顶向上，壳口朝着观察者，贝壳顺时针旋转，壳口在螺轴右侧的为右旋；贝壳逆时针旋转，壳口在螺轴左侧的为左旋。

25.贝壳的方位 按动物行动时的姿态来确定的。壳顶一端为后，相反的一端为前，有壳口的一面为腹面，相反面为背面。以背面向上、腹面朝下，后端对向观察者，贝壳在右侧者为右方，在左侧者为左方。通常也称后端的壳顶为上方，前端为基部。

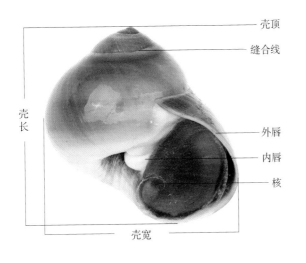

壳顶
缝合线
外唇
内唇
核
壳长
壳宽

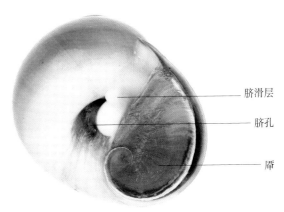

脐滑层
脐孔
厣

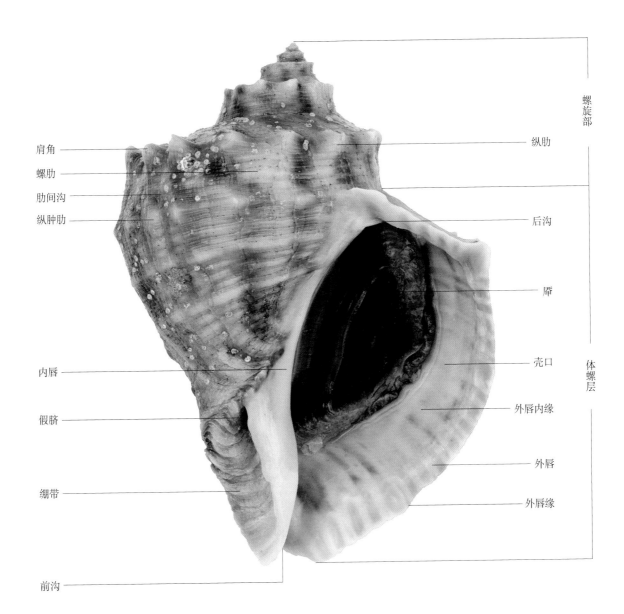

肩角
螺肋
肋间沟
纵肿肋
内唇
假脐
绷带
前沟

纵肋
后沟
厣
壳口
外唇内缘
外唇
外唇缘

螺旋部
体螺层

▶ 掘足纲 Scaphopoda

这一类群动物的贝壳呈管状，稍弓曲，形似牛角或象牙，故有"象牙贝"之称。贝壳通常前端较粗，向后逐渐变细。壳面光滑或具纵肋和环纹，有的贝壳呈圆形，有的具棱角呈多边形。壳顶部具缺刻、裂缝。本纲动物全部为海产，栖息于潮间带至上千米水深的沙或泥沙质海底。掘足纲动物在中国沿海种类不多，约有30种左右，本书仅记录1种。

掘足纲分类术语

1. 贝壳（shell） 呈牛角形或象牙形，两端开口，粗端开口称壳口，细端开口称肛门孔。壳的粗端为前端，细端为后端；壳的凹面为背面，凸面为腹面。

2. 足（foot） 呈圆筒状，末端两侧具襞，有呈三分裂状或盘状的足底。

3. 头丝（captacula） 掘足类口吻基部的两侧有触角叶，叶上生有多数丝状附属物，称为头丝。

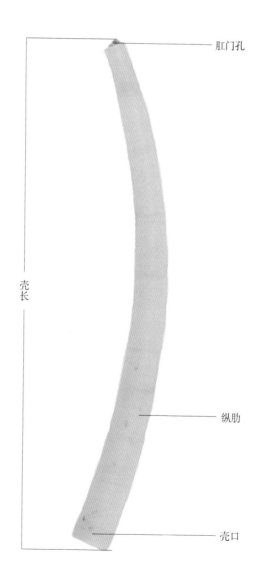

肛门孔

壳长

纵肋

壳口

▶ 双壳纲 Bivalvia

双壳纲又称瓣鳃纲，该纲动物因鳃呈瓣状而得名。足通常侧扁呈斧状，因此也称斧足纲。双壳纲的种类数量仅次于腹足纲，而且是经济价值较高的一个纲。其身体左右对称，也有不对称的有两个抱合内脏的贝壳（不等蛤、牡蛎等）。贝壳的形状、大小因种类而异。

双壳纲分类术语

1. 壳顶（umbo） 贝壳背面一个特别突出的小区，它是贝壳最初形成的部分。

2. 左右对称（equivalve） 左右两壳的大小、形状相同。

3. 左右不对称（inequivalve） 左右两壳的大小、形状不相同。

4. 两侧相等（equilateral） 壳顶位于中央，贝壳的前、后两侧等长。

5. 两侧不相等（inequilateral） 壳顶不在中央，贝壳的前、后两侧不等长。

6. 小月面（lunula） 壳顶前方常有1个小凹陷，一般为椭圆形或心脏形。

7. 楯面（escutcheon） 壳顶后方与小月面相对的一面。

8. 前耳（anterior auricle）和后耳（posterior auricle） 壳顶前、后方突出的部分称为耳。位于壳顶前方的称前耳，位于壳顶后方的称后耳。

9. 生长线（growth lines） 以壳顶为中心，呈同心排列的线纹，亦称生长纹。

10. 放射肋（radial rib） 以壳顶为起点，向前、后、腹缘伸出呈放射状排列的肋纹。肋上常有鳞片、小结节或棘刺状突起。放射肋之间的沟，称放射沟。

11. 铰合部（hinge） 位于背缘，是左右两壳相结合的部分。铰合部通常有齿和齿槽，根据铰合齿的数目、形式可以分为几种类型：裂齿型，齿多，形状相近，排列呈1列或2列；异齿型，齿少，齿形变化大，有主齿和侧齿之分，位于壳顶下方的齿称主齿，主齿前方的齿称前侧齿，主齿后方的齿称后侧齿；贫齿型，铰合齿不发达；无齿型，铰合部无齿。

12. 韧带（ligament） 在铰合部背面，连接左右壳并有开壳作用的褐色角质物，具弹性。由于它的部位和数目不同，一般又分为：外韧带，位于壳顶的外面；内韧带，在壳顶内部、铰合部中央的韧带槽（resilifer pit）中；半内韧带，一部分为外韧带，一部分为内韧带；后韧带，位于壳顶的后方；双韧带，韧带在壳顶前后方均有；多韧带，由多个韧带组成；无韧带，没有韧带。

13. 足丝孔（byssal opening） 为足丝伸出之孔，一般位于贝壳腹缘、右壳前耳基部或壳顶下方。扇贝类的足丝孔腹缘常有栉状小齿。

14. 副壳（accessory shell） 某些两壳不能完全闭合，外套膜特别封闭而且有水管的种类，它们常在壳外突出部分产生副壳。有的副壳不属于贝壳而独立存在。因所在的部位不同，又分为原板（protoplax）、中板（mesoplax）、后板（metaplax）、腹板（hypoplax）和水管板（siphonoplax）。也有的副壳与贝壳互相愈合在一起。

15. 外套痕（pallial impression） 外套膜肌在贝壳内面留下的痕迹。

16. 外套窦（pallial sinus） 水管肌在贝壳内面留下的痕迹。

17. 闭壳肌痕（adductor scar） 闭壳肌在贝壳内面留下的痕迹。等柱类（Isomyaria）前后有2个近等的闭壳肌，在贝壳内面留下2个大小近等的闭壳肌痕，在前端的称前闭壳肌痕，在后端的称后闭壳肌痕。异柱类（Anisomyaria）前闭壳肌痕小，后闭壳肌痕大。单柱类（Monomyaria）只有1个后闭壳肌痕，前闭壳肌痕退化消失。

18. 足肌痕（pedal retractor） 前伸、缩足肌痕多在前闭壳肌附近；后缩足肌痕多在后闭壳肌痕的背侧。

19. 贝壳的方位 壳顶尖端所向的通常为前方。多数双壳纲由壳顶至贝壳两侧距离短的一端为前方；一般有后韧带或有外套窦的一端为后方。有1个闭壳肌的种类，闭壳肌痕所在的一侧为后方。

20. 外套膜缘的形式　外套膜是包被身体两侧的两叶薄膜,紧贴于贝壳内面。由于种类不同,外套膜在膜缘的愈合情况有所不同,可分为原始型、二孔型、三孔型和四孔型。

21. 鳃的类型　原始型(protobranchia)、丝鳃型(filibranchia)、真瓣鳃型(eulamellibranchia)和隔鳃型(septibranchia)。

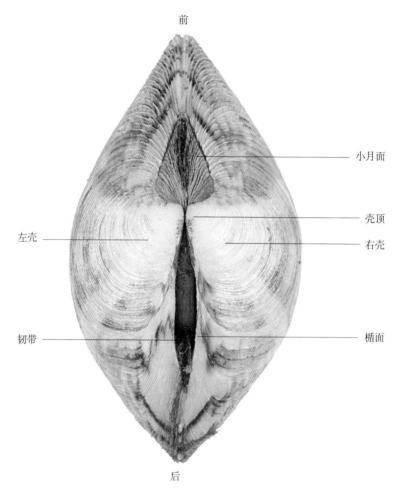

前

小月面

壳顶

左壳　　　　右壳

韧带　　　　楯面

后

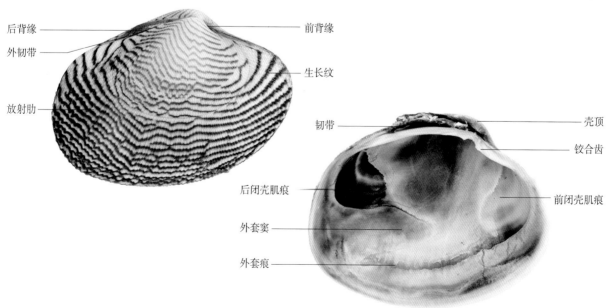

后背缘　　　　前背缘

外韧带

生长纹

放射肋

韧带　　　　壳顶

铰合齿

后闭壳肌痕

前闭壳肌痕

外套窦

外套痕

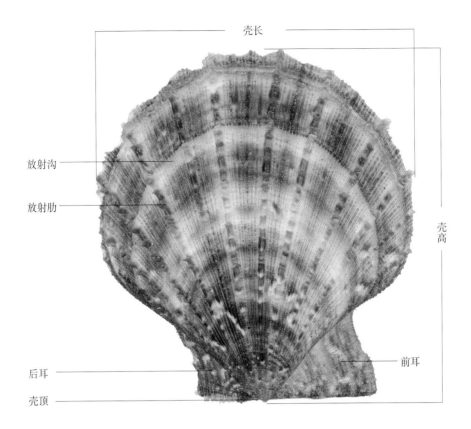

壳长

放射沟

放射肋

壳高

后耳

前耳

壳顶

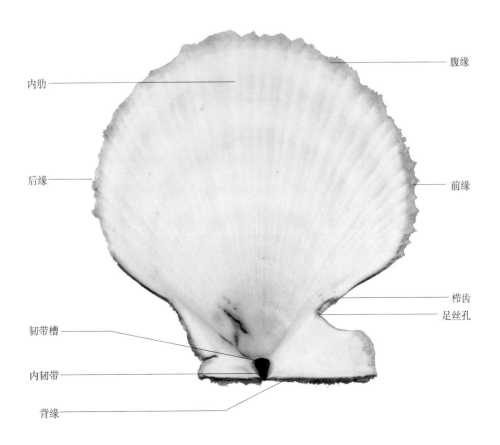

腹缘

内肋

后缘

前缘

栉齿

足丝孔

韧带槽

内韧带

背缘

▶ 头足纲 Cephalopoda

头足纲动物的身体左右对称，分头部、足部和胴部。头部略呈球状，与足部和胴部相接。足部的一部分特化为腕，环列于前部和口周围，腕的数目为10个或8个，有的多达数十个。足的另一部分特化成漏斗，贴附于头部和胴部之间的腹面。胴部有圆锥、圆筒或卵圆形等，表面有色素斑。

头足纲分类术语

1. 腕（arm） 由足部特化而成，通常呈放射状排列在头的前方、口的周围。腕的数目随种类不同而异。二鳃类的腕部是左右对称的，除了枪形目和乌贼目2只攫腕外，其余8只腕自背面向腹面分为左右对称4对。背面正中央的2只为第1对，称为"背腕"。连接的为第2对、第3对，又称"侧腕"，其中第2对又叫背侧腕，第3对又叫腹侧腕。腹面的1对为第4对，又称"腹腕"。在分类学上常用1、2、3、4代表4对腕，并以其排列顺序表示各腕长度的差别，称为腕式，如1＞2＞3＞4，即表示腕以第1对最长，第2对次之，第3对又次之，第4对最短。

2. 茎化腕（hectocotylized arm） 二鳃类多数种类的雄性有1只或1对腕茎化形成茎化腕，也称生殖腕或交接腕。茎化形式分4种：①腕长缩小，与其对称的一只不同；②腕一侧的膜加厚成皱褶，形成一直通茎化腕的输精沟；③腕的末端特别发达，形成1个舌状端器；④腕上吸盘的大小和数量不对称。

3. 触腕（tentacle） 在枪形目和乌贼目中，有2个专门用来捕捉食物的腕称触腕或称攫腕，位于第3和第4对腕之间，比较细长。乌贼类的触腕基部具触腕囊，触腕可以部分或全部缩进囊中。触腕通常有1个极长的柄，称为茎，一般无吸盘。触腕顶部呈舌状，上面有吸盘或钩，被称为触腕穗。

4. 吸盘（sucker） 在腕和触腕穗的内面，生有吸盘。八腕目的吸盘构造简单，是1个杯状肌肉质的盘，无角质环和柄。枪形目和乌贼目吸盘呈球状或半球状，吸盘周围有放射状的肌肉，腔内有角质环，环上具齿。在吸盘球的下端与腕相连接的部分为柄。

5. 腕间膜（web） 腕间由头部皮肤伸展形成的膜。用大写字母A、B、C、D、E表示腕间膜弧三角的深度，即由口到膜弧的垂直距离。

6. 漏斗（funnel） 由足特化而来的运动器官，原始种类的漏斗是由左右2个侧片构成的，不形成完整的管子。二鳃类的漏斗形成一个完整的管子，主要由水管、闭锁器、附着器和漏斗下掣肌等部分组成。

7. 眼（eyespot） 头足类动物主要感觉器官，通常较大，位于头部两侧。有些种类眼睛具小眼或眼柄，或可收缩。

8. 鳍（fin） 枪形目和乌贼目种类在胴部的两侧或后部，由皮肤扩张形成肉鳍。鳍有3种类型：周鳍型，鳍位于胴部左右两侧全缘，末端稍分离；中鳍型，鳍位于胴部中段两侧，形如两耳；端鳍型，鳍位于胴部的后半部，左右两鳍相接呈菱形。

9. 胴部（mantle） 头足类的外套膜一般呈袋状，称为胴部。胴部肌肉特别发达，所有的内脏器官都包被在其中。

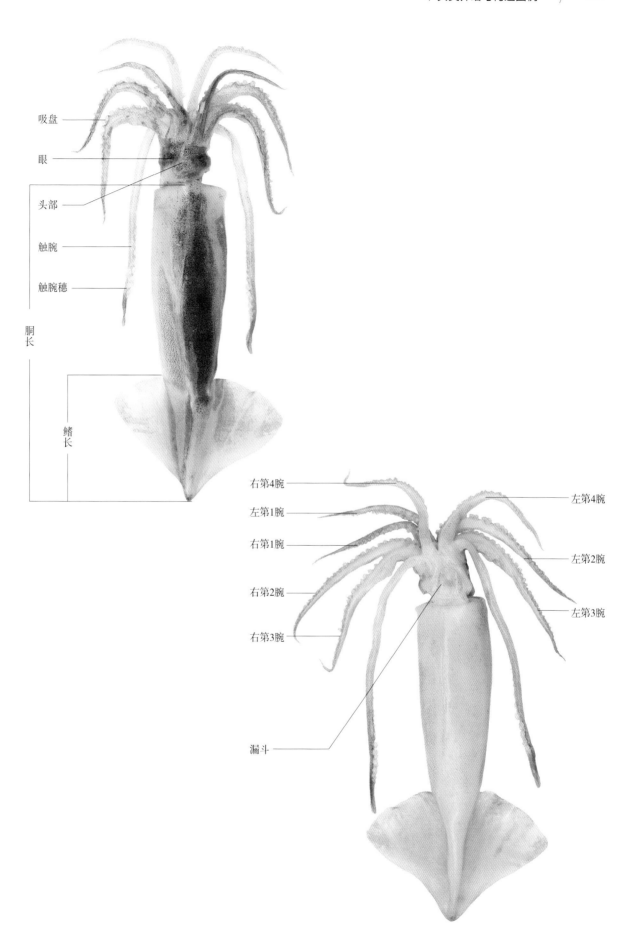

吸盘

眼

头部

触腕

触腕穗

胴长

鳍长

右第4腕

左第1腕

右第1腕

右第2腕

右第3腕

漏斗

左第4腕

左第2腕

左第3腕

二、贝类的栖息环境和生活方式

　　贝类种类多，分布广，具体栖息环境因种类而异，其生活方式也各种各样。以生活类型可将贝类分为固着型、附着型、匍匐型、埋栖型、游泳型等。

1. 固着型（the permanently fixed type） 一般指贝类直接固着在礁石等其他物体上，固定后终身不能移动。固着贝类足部退化，贝壳发达，壳表面粗糙多棘刺，没有水管，但是外套膜缘触手发达，营滤食生活。如牡蛎等。

 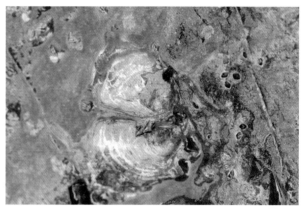

2. 附着型（the adhesive type） 利用足丝附着在其他物体上，附着位置不是终身不变的，它们可以弃断旧足丝，稍作运动，再重新分泌足丝附着。这一类型的贝类贝壳发达，没有水管，这些特征与固着型贝类相同。尽管足退化，但足丝腺发达，营滤食生活。如贻贝、栉孔扇贝等。

3. 匍匐型（the creeping type） 多见于腹足类，它们具有发达的足，用于爬行觅食和产卵，通常具有坚硬的贝壳作为保护的外盾。有厣的种类可以用厣将壳口封住；无厣种类如鲍、石鳖等，则利用足部吸着力达到自卫的目的。

4. 埋栖型（the burrowing type） 多见于双壳类，它们具有发达的足和水管，依靠足的挖掘将身体的全部或前端埋在泥砂中，依靠身体后端水管的收缩，进行摄食、呼吸和排泄，如缢蛏、文蛤、泥蚶等。还有一些贝类在岩石、珊瑚礁、贝类、竹木等外物上穿孔穴居，如石蛏、船蛆、斑纹棱蛤等，这类贝类主要营滤食生活。

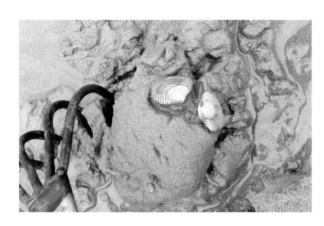

5. 游泳型（the swimming type） 多见于头足类动物，它们通常能抵抗海浪及海流的冲击，具有自由游泳能力，身体呈流线形或纺锤形，贝壳退化成内壳甚至消失。为肉食性，能主动觅食，食性凶猛，捕食甲壳类，也捕食鱼类和其他动物。

三、多板纲

（Polyplacophora Blainville，1867）

鬃毛石鳖科（Mopaliidae Dall, 1889）

鬃毛石鳖属（*Mopalia* Gary, 1847）

001. 史氏鬃毛石鳖

学名 *Mopalia schrencki* Thiele, 1909

形态特征 体长30～40mm。体椭圆形。背部中央8块壳片，呈蓝绿色，杂有褐色和其他色彩的斑点。头板半圆形，有网状刻纹和8条明显的放射肋，嵌入片有8个齿裂。中间板的肋部具细的纵肋，肋间具有细的横肋，形成网目状。尾板小，前区具纵肋和网纹状刻纹。后区小，后端具1个弱的凹陷，两侧各具1个齿裂。环带杏红色，特别发达，上密布小的棘和稀疏的鬃毛状长棘，棘上生有长短不一的小刺。

生活习性及地理分布 北方种，较少见。常栖息于潮间带和潮下带的岩礁质海底，营固着生活。我国黄海北部有分布；日本和俄罗斯远东地区也有分布。

大连市内付家庄和长海县各岛有分布。

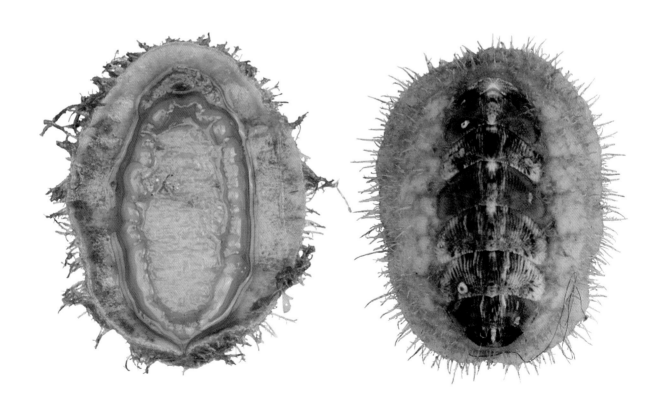

毛肤石鳖科（Acanthochitonidae Pilshbry, 1893）

毛肤石鳖属（*Acanthochitona* Gray, 1821）

002. 红条毛肤石鳖

学名 *Acanthochitona rubrolineata*（Lischke, 1873）

形态特征 体长25～30mm。体长椭圆形。背部中央8块壳片，呈绿色，有3条纵走的红色线纹。头板半圆形，其上有粒状突起，嵌入片有5个齿裂。中间板峰部具细的纵肋，肋部和翼部均有较大的颗粒状凸起。缝合板大，两侧的嵌入片各有1个齿裂。尾板小，前缘中央微凸，后缘弧形，其上具纵肋和颗粒状凸起，嵌入片上有2个齿裂。环带宽，呈深绿色，上面具有密集的棒状棘刺，周围具有18丛针束。

生活习性及地理分布 广分布种。常栖息于潮间带的岩礁质区域，营固着生活，常吸附在石隙间和空的牡蛎壳内。我国沿海均有分布；朝鲜半岛和日本也有分布。

大连市内老虎滩、付家庄、小平岛，旅顺口区，长海县各岛有分布。

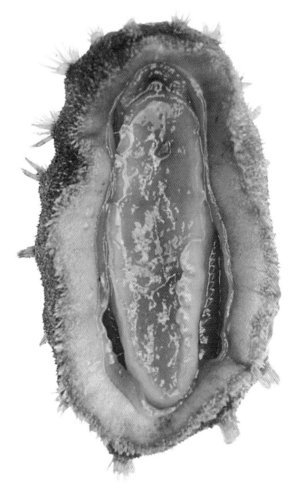

003. 异毛肤石鳖

学名 *Acanthochitona dissimilis* Is. & Iw. Taki, 1931

形态特征 体长25～30mm。体呈长椭圆形。背部中央8块壳片，黄白色，常杂有灰黑色斑点及条纹。头板半圆形，上有长卵圆形粒状突起，后缘近平，嵌入片有5个齿裂。中间板较大，缝合片大，两侧具1个齿裂，峰部具纵肋，肋部和翼部均有长卵圆形颗粒状突起。尾板小，近不等四边形，缝合片大。环带呈淡黄色，上面具有密集的短棒状棘刺，周围具有18丛针束。

生活习性及地理分布 少见种。常栖息于潮间带的岩礁质区域，营固着生活。我国黄海有分布；日本也有分布。

大连市内老虎滩、付家庄、小平岛，旅顺口区，长海县各岛有分布。

注：有记录称该个体体型较小（体长小于15mm），但我们发现的个体较大（体长大于20mm）。

锉石鳖科（Ischnochitonidae Dall, 1899）

鳞带石鳖属（*Lepidozona* Pilsbry, 1892）

004. 朝鲜鳞带石鳖

学名 *Lepidozona coreanica*（Reeve, 1847）

形态特征 体长30~40mm。体呈长椭圆形。壳表灰黑色、绿色、暗红色等，背部中央8块壳片呈覆瓦状排列，具不规则斑点。头板具多条细小粒状放射肋，嵌入片有10~14个齿裂。中间板中央区具细小颗粒状的纵肋，翼部具放射肋，嵌入片后部两侧有1~2个齿裂。尾板小，中央区大、具有细的纵肋，头板后区较小、具放射肋，嵌入片有12~14个齿裂。环带较窄，黄褐色，被小的鳞片。

生活习性及地理分布 广分布种。常栖息于潮间带的岩石间或石块下面，营固着生活。我国沿海均有分布；朝鲜半岛和日本也有分布。

大连市内老虎滩、付家庄、小平岛，旅顺口区，长海县各岛有分布。

005. 日本鳞带石鳖

学名 *Lepidozona nipponica*（Berry, 1918）

形态特征 体长20～25mm。体呈长椭圆形。壳表黄褐色或紫红色。头板半圆形，后缘中央微凹，具有多条细密粒状放射肋，嵌入片有9～12个齿裂。中间板中央凸起，缝合片宽短，中央区具有小泡状的纵肋，翼部具粒状放射肋约8条，两侧各具1个齿裂。环带淡黄色，具有黄褐色斑块，其上有密集的小鳞片，鳞片凸面具纵的肋纹。鳃28对，鳃列从足之后端延伸至第二壳片。

生活习性及地理分布 常栖息于潮间带或潮下带的岩礁质海底，营固着生活。我国黄海有分布；日本也有分布。

大连市旅顺口区有分布。

大连沿海首次记录种。

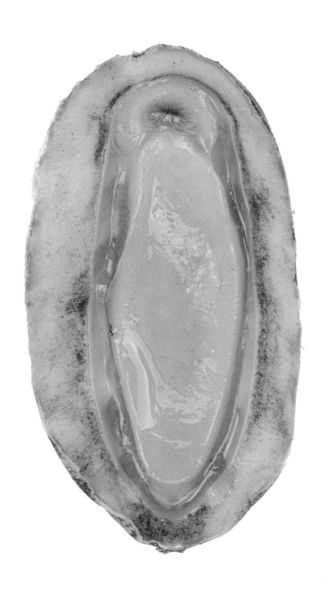

锉石鳖属（*Ischnochiton Gary, 1847*）

006. 函馆锉石鳖

学名　*Ischnochiton hakodadensis*（Thiele, 1909）

形态特征　体长25~30mm。体呈椭圆形。壳表土黄色或暗绿色，杂有灰褐色花纹及斑点。头板具有细的放射肋，嵌入片具有15~18个齿裂。中间板肋部具有网状刻纹，翼部具有不明显的放射肋5~7条，缝合片近三角形，嵌入片两侧各具2个齿裂。尾板中央区的刻纹与中间板的肋部相类似，后区具放射肋，嵌入片有11~18个齿裂。环带窄，土黄色，布满灰褐色色斑，被小的鳞片。鳃25~34对，鳃列的长度与足的长度近等。

生活习性及地理分布　北方常见种。常栖息于潮间带的岩礁质海底，营固着生活。我国渤海和黄海有分布；朝鲜半岛、日本和俄罗斯远东地区也有分布。

大连市内老虎滩、付家庄、小平岛，旅顺口区，长海县各岛有分布。

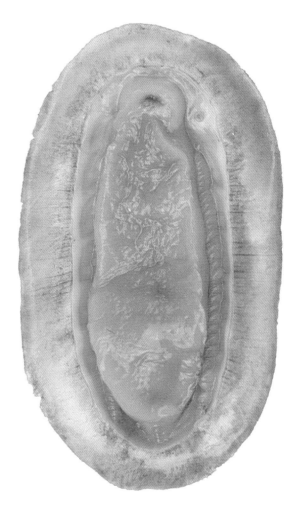

四、腹足纲
（Gastropoda Cuvier，1797）

鲍科（Haliotidae Rafinesque, 1815）

鲍属（*Haliotis* Linnaeus, 1740）

007.皱纹盘鲍

学名 *Haliotis discus hannai* Ino, 1952

形态特征 壳长50~110mm，大者可达150mm。壳呈椭圆形。壳质坚厚。螺层约3层，从第二螺层到壳口边缘有1列突起和孔，开孔3~5个。壳表褐色，粗糙呈皱纹状，生长线明显，沿壳表水孔左下侧有1条不明显的凹陷螺沟。壳内面呈青绿色珍珠光泽。

生活习性及地理分布 常栖息于潮间带和潮下带的岩礁质海底，成鲍喜食大型褐藻、红藻，幼鲍以食用底栖硅藻为主。自然环境下，主要分布于我国黄海，向南浙江有少量分布；朝鲜半岛和日本也有分布。

大连市内老虎滩、付家庄、小平岛、旅顺口区，金州区，长海县各岛有分布。

注：大连地区常见经济种，名贵贝类，俗称鲍鱼。肉可食，味鲜美，壳为中药石决明。大连皱纹盘鲍的人工育苗养殖历史悠久，是我国鲍鱼人工育苗养殖的发源地。通过技术创新，近些年在福建沿海也开展了鲍鱼的大规模人工养殖。

钥孔蝛科（Fissurellidae Fleming, 1822）

土加蝛属（*Tugali* Gray, 1843）

008. 大土加蝛

学名 *Tugali gigas*（V. Martens, 1881）

形态特征 壳长40～70mm。壳呈笠状。壳质较坚厚。壳顶尖，位于中央偏后。壳顶至壳缘有约50条放射肋，与细密的生长螺肋交织成结节状。壳表灰白色，被一层黄色壳皮，老壳上常有苔藓虫或其他藻类。壳内面呈白色，具光泽。

生活习性及地理分布 北方种。常栖息于潮间带和潮下带岩礁质或沙砾质海底，营固着生活。我国渤海和黄海有分布；朝鲜半岛和日本也有分布。

大连市内老虎滩、付家庄，长海县各岛有分布。

天窗蛾属（*Puncturella* Lowe, 1827）

009. 显著天窗蛾

学名 *Puncturella nobilis*（A. Adams, 1860）

形态特征 壳长10～15mm。壳呈圆锥形。壳质坚厚。壳顶小，位于近中央向后弯曲。开孔位于壳顶至壳缘1/3处，孔为椭圆形。壳顶至壳缘有约22条明显的放射主肋，肋间具有细的间肋，与生长环肋交叉略呈格子状。壳表和壳内面均呈白色。

生活习性及地理分布 北方种。常栖息于潮下带砾石质或沙泥质海底，营固着生活。我国渤海和黄海有分布；朝鲜半岛、日本和俄罗斯远东地区也有分布。

大连市内小平岛，旅顺口区，长海县各岛有分布。

花帽贝科（Nacellidae Thiele, 1891）

蝛属（*Cellana* H. Adams, 1869）

010. 嫁蝛

学名 *Cellana toreuma*（Reeve, 1855）

形态特征 壳长35～50mm。壳笠状，低平。壳质较薄，近半透明。壳顶位于近前方约壳长1/3处，向前弯曲。壳表有30～40条明显的放射肋，肋间有1～3条细密小肋。生长环肋不明显，与放射肋交叉有时呈结节状。壳表多为暗灰色或黄绿色，杂以紫色或褐色斑带。壳内面呈银灰色，具明显珍珠光泽。

生活习性及地理分布 广分布种。常栖息于潮间带的岩礁质海区，营固着生活。我国沿海均有分布；印-太海域也有分布。

大连市旅顺口区，长海县各岛有分布。

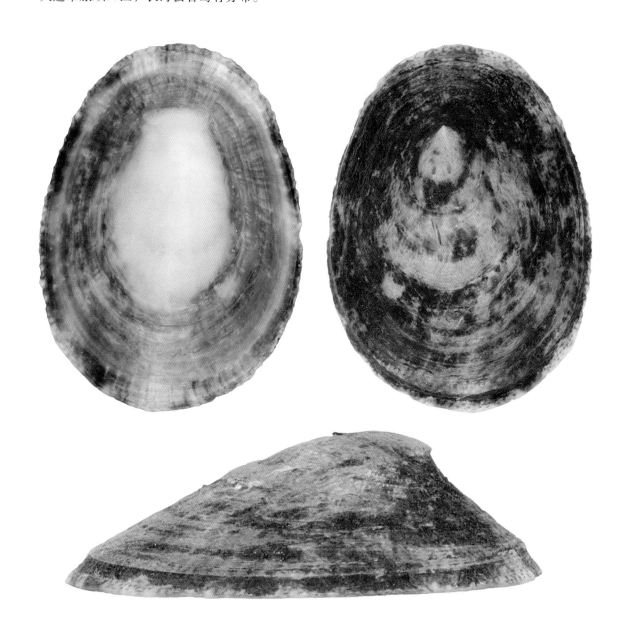

笠贝科（Lottiidae Gray, 1840）

笠贝属（*Acmaea* Eschscholtz, 1833）

011. 白笠贝（背肋拟帽贝）

学名 *Acmaea pallida*（Gould, 1859）

形态特征 壳长30～35mm。壳笠状或低圆锥形。壳质坚厚。壳顶位于近中央偏前方。壳表呈白色，具约20条明显放射主肋，有数条细间肋，生长环纹略细。壳内面呈乳白色，具光泽。壳周缘有明显的齿状缺刻和1圈瓷白、略透明的镶边。

生活习性及地理分布 北方种。常栖息于潮间带和潮下带的岩礁质海底，营固着生活。我国渤海和黄海有分布；朝鲜半岛和日本也有分布。

大连市内老虎滩、付家庄、小平岛，旅顺口区，长海县各岛有分布。

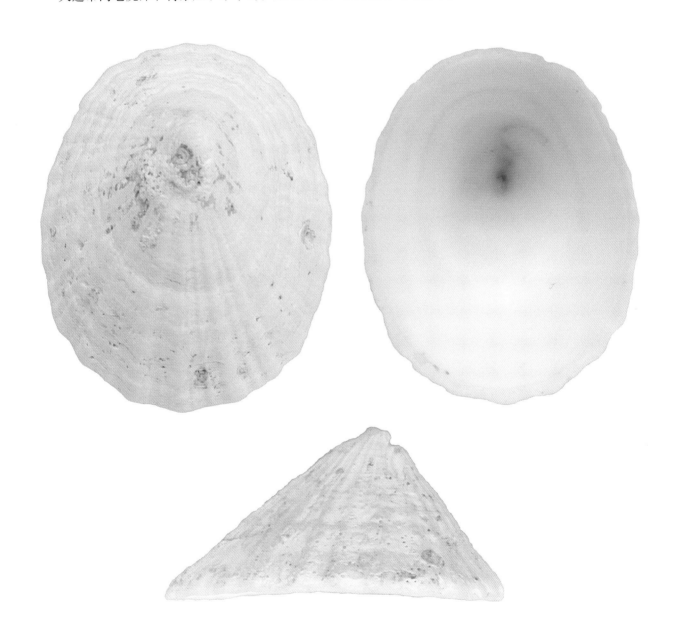

小节贝属（*Collisella* Dall, 1871）

012. 寇氏小节贝

学名 *Collisella kolarovai*（Grabau & King, 1928）

形态特征 壳长8~12mm。壳呈笠状。壳质较薄。壳顶尖，略向下倾斜，位于前方约壳长1/3处，壳表多呈棕灰色，杂有黄褐色或黄白色斑块或色带，具明显的放射肋，在2条主肋间有数条较细的间肋，与细密的生长环纹交叉呈结节状。壳内面多呈灰白色或蓝灰色。壳周缘有不规则的棕色斑块。

生活习性及地理分布 北方种。常栖息于潮间带的岩礁质或砾石质海区，营固着生活。我国渤海和黄海有分布，数量较多。

大连市内老虎滩、付家庄、小平岛，旅顺口区，金州区，长海县各岛有分布。

背尖贝属（*Nipponacmea* Sasaki & Okutani, 1993）

013. 史氏背尖贝

学名　*Nipponacmea schrenckii*（Lischke, 1868）

形态特征　壳长40~45mm。壳呈笠状，低平。壳质坚实。壳顶位于前方。壳表颜色变异很大，随生长环境而异，多呈淡黄色，杂有紫色或褐色的斑带。壳顶至壳缘有许多细密的放射肋，与生长环纹交织成细小的念珠状颗粒。壳内面灰蓝色，中央有1块白色脐胝，边缘有细齿状缺刻。

生活习性及地理分布　广分布种。常栖息于潮间带的岩礁质海区，营固着生活。我国沿海均有分布；朝鲜半岛和日本也有分布。

大连市内老虎滩、付家庄、小平岛，旅顺口区，金州区，长海县各岛有分布。

拟帽贝属（*Patelloida* Quoy & Gaimard, 1834）

014. 矮拟帽贝

学名 *Patelloida pygmaea*（Dunker, 1860）

形态特征 壳长10～15mm。壳呈帽状。壳质坚厚。壳顶钝而高起，位于壳的中央稍靠前方，常被腐蚀。壳表常有黑褐色放射带，其间有黄褐色点斑。放射肋细，隐约可见。壳内面淡蓝色或灰白色，边缘有1圈褐色或白色相间的镶边，中间有黑褐色肌痕。

生活习性及地理分布 广分布种。常栖息于潮间带的岩石上，营固着生活。我国沿海均有分布，北方沿海较常见；朝鲜半岛和日本也有分布。

大连市内老虎滩、付家庄、小平岛，旅顺口区，金州区，长海县各岛有分布。

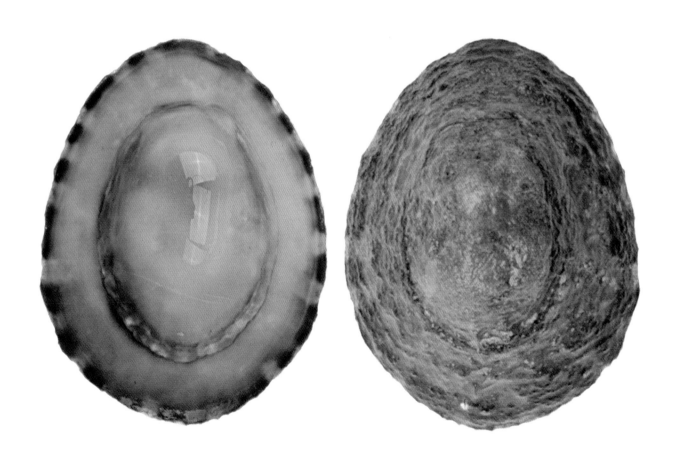

马蹄螺科（Trochidae Rafinesque, 1815）

蜎螺属（*Umbonium* Link, 1807）

015. 托氏蜎螺

学名 *Umbonium thomasi*（Crosse, 1863）

形态特征 壳宽10～20mm。壳呈低圆锥形。壳质厚而坚实。壳表光滑、具光泽、色彩多变，常为灰棕色，也有棕色、紫色和红、白色相间。螺层6～7层，缝合线较浅，呈细线状盘绕。壳口近方形，内面有珍珠光泽。外唇薄；内唇厚，具齿状小结节。底面较平、光滑有亮泽，中央部为白色，外部具灰色环带。脐部为白色的滑层所覆盖。厣角质，圆形，稍薄，核位于中央。

生活习性及地理分布 广分布种。主要栖息于潮间带的细沙、泥沙滩面。我国沿海均有分布，黄海和渤海数量较大；朝鲜半岛和日本也有分布。

大连市内营城子、夏家河子，庄河市有分布。

注：大连地区俗称海钱儿，可食用，壳可制作工艺品。大连渤海海域较黄海海域个体偏小，壳质偏厚，色泽更为艳丽。

单齿螺属（*Monodonta* Lamarck, 1801）

016. 单齿螺

学名 *Monodonta labio*（Linnaeus, 1758）

形态特征 壳长10~20mm，大者可达45mm。壳近球形。壳质坚厚。壳表暗绿色、绿色和褐色相间。螺层6~7层，缝合线浅。体螺层有15~17条螺肋。螺肋由绿色（或红色）和褐色相间的近方块形突起组成，如砖状排列。壳口近桃形，壳内灰白色。外唇边缘较薄，内侧较厚，具弱锯齿状突起；内唇厚，顶部形成滑层遮盖脐孔，基部生有明显的三角形齿。厣角质，圆形，棕褐色，多旋型，核位于中央。

生活习性及地理分布 广分布种。主要栖息于潮间带的岩礁海域，常栖息于岩礁背光处。繁殖季节一般为7~8月。我国沿海均有分布；印–太海域也有分布。

大连市沿海均有分布。

大连地区俗称花波螺、花枝儿。可食用。

凹螺属（*Chlorostoma* Swainson, 1840）

017. 锈凹螺

学名 *Chlorostoma rustica*（Gmelin, 1791）

形态特征 壳长25~40mm。壳呈圆锥形。壳质坚厚。壳顶常被腐蚀。壳表黑锈色，具铁锈色斑纹。螺层5~6层，缝合线浅。螺肋少而粗壮，呈斜行排列。壳口马蹄形。壳内灰白色，具珍珠光泽。外唇薄；内唇厚，上方向脐孔处延展，形成1个白色遮缘。壳底平，底面的黄褐色旋纹与同心环纹相交。脐圆形，大而深，灰白色，滑层狭小。厣角质，圆形，棕红色有浅色镶边，有环纹，核位于中央。

生活习性及地理分布 广分布种。主要栖息于潮下带至50m左右的岩礁海底。我国沿海均有分布，主要分布于渤海和黄海；朝鲜半岛和日本也有分布。

大连市沿海均有分布。

大连地区俗称偏腚波螺、坐盘儿。可食用。

注：该种有高腰型（壳高：壳宽为1.5∶1）和低腰型（壳高：壳宽为1∶1）两种形态。

低腰型

高腰型

土耳其螺属（*Turcica* H. & A. Adams, 1854）

018. 朝鲜土耳其螺

学名 *Turcica coreensis* Pease, 1860

形态特征 壳长30～40mm。壳呈圆锥形。壳表黄褐色，具紫褐色的斑点或斑块。螺层约8层，缝合线呈深沟状。螺肋上有黄褐色点状突起，在缝合线上下突起明显。壳口大，近卵圆形。壳内具彩色珍珠光泽。外唇薄；内唇较厚，滑层覆盖脐孔，螺轴基部具齿2枚。厣角质，黄褐色半透明，呈双带状旋转，核位于中央。

生活习性及地理分布 主要栖息于水深50～300m的细沙质底海域。我国黄海北部有分布；朝鲜半岛和日本（北海道南部、本州、四国、九州）也有分布。

大连市内老虎滩、黑石礁、小平岛，长海县海洋岛有分布。

小球螺属（*Conotalopia* Iredale, 1929）

019. 伶鼬小球螺

学名 *Conotalopia mustelina*（Gould, 1861）

形态特征 小型种类。壳长4~5mm。壳呈球形。壳表绿褐或灰褐色，有白色放射状螺带或云状斑块，体螺层中下部的螺肋上有1列间隔分布的白色斑块。螺层约5层，缝合线清晰。螺肋稀疏而低平，粗肋间还有细肋。壳口近圆形，有彩虹光泽。外唇薄；内唇弯曲呈弧形，平滑。贝壳基部微隆起，其上具有较粗的环肋。厣角质，圆形。

生活习性及地理分布 主要生活在内湾潮间带至浅海的海藻上。我国黄海北部有分布；朝鲜半岛和日本等地也有分布。

大连市长海县各岛有分布。

大连沿海首次记录种。

丽口螺科（Calliostomatidae Thiele, 1924）

丽口螺属（*Calliostoma* Swainson, 1840）

020. 口马丽口螺

学名 *Calliostoma koma*（Schikama & Habe, 1965）

形态特征 壳长19~25mm。壳呈低圆锥形。壳表浅褐色。螺层7~8层，缝合线浅。螺旋部与体螺层高度近等，螺旋部低圆锥形，体螺层扩展。壳表生有细肋，螺肋上具不规则黄褐色或灰白色条斑。壳口近方形，易碎，壳内具珍珠光泽。外唇薄，边缘不光滑；内唇较厚，向外延展成1个弯月状的滑层，覆盖脐孔，轴唇平滑。底面具同心肋与放射状旋纹。厣角质，圆形，薄而透明，多旋型，核位于中央。

生活习性及地理分布 主要栖息于水深20~70m的泥沙和软泥底海域。我国渤海和黄海有分布；日本也有分布。

大连市旅顺口区，长海县各岛有分布。

021. 单一丽口螺

学名 *Calliostoma unicum*（Dunker, 1860）

形态特征 壳长14～18mm。壳呈圆锥形。壳质厚实。壳表黄棕色，有火焰状深色斑纹。螺层6～8层，缝合线较浅。各螺层膨圆，螺旋部略高于体螺层，体螺层较膨大。各螺层生有许多不光滑细肋，在缝合线处和体螺层中部有明显的紫褐色斑相间。壳口近方形，壳内具珍珠光泽。外唇较薄；内唇较厚。脐孔为滑层覆盖。底面具同心光滑型螺肋，深棕色条斑。厣角质，圆形，薄而透明，多旋型，核位于中央。

生活习性及地理分布 主要栖息于潮间带至水深150 m的岩砾、岩礁海域。我国沿海均有分布，主要分布于黄海北部；朝鲜半岛和日本也有分布。

大连市内黑石礁、小平岛，旅顺口区，长海县各岛有分布。

蝾螺科（Turbinidae Rafinesque, 1815）

平厣螺属（*Homalopoma* Carpenter, 1864）

022. 布纹平厣螺

学名 *Homalopoma amussitatum*（Gould, 1861）

形态特征 小型种类。壳长8~10mm。壳近球形。壳质坚实。壳表赤褐色。螺层5~6层，缝合线明显。壳表具螺肋，有3~4条显著隆起。螺旋部近圆锥形，体螺层膨大。壳口呈圆形，内具珍珠光泽。外唇薄，内唇厚。脐孔为滑层所覆盖。底面同心肋与生长纹交织成布纹状。厣石灰质，较厚，肾形，外平内凸，内外具轮纹，核偏左侧。

生活习性及地理分布 不常见种。主要栖息于潮下带至水深200m的石砾底质海域。我国目前仅在大连有发现；朝鲜半岛和日本也有分布。

大连市内黑石礁、小平岛，旅顺口区有分布。

小月螺属（Lunella（Röding, 1798））

023. 朝鲜花冠小月螺

学名 *Lunella coronata coreensis*（Récluz, 1853）

形态特征 壳长15～23mm。壳近球形。壳质坚实。壳表深灰色和黄褐色或灰绿色相间，壳周较膨圆，壳顶常被腐蚀。螺层约5层，缝合线浅、显著。壳口呈圆形，内面具珍珠光泽。外唇薄；内唇厚，轴唇前部有1个明显突起。脐孔为滑层所覆盖，略呈凹陷。厣石灰质，较厚，半球形；外面灰白色，有光泽；内面呈棕褐色，有轮纹，核接近中央。

生活习性及地理分布 北方常见种。主要栖息于潮间带的岩礁海域。我国北部沿海有分布；朝鲜半岛和日本也有分布。

大连市内老虎滩、付家庄、黑石礁、龙王塘分布较多，长海县各岛也有分布。

厣

滨螺科（Littorinidae Children, 1834）

穴螺属（*Lacuna* Turton, 1827）

024. 龙骨穴螺

学名 *Lacuna carinifera*（A. Adams, 1853）

形态特征 小型种类。壳长5~7mm。壳呈陀螺形。壳质薄，结实。壳表从褐色至黄褐色，有褐色的壳皮，在体螺层的龙骨突起下方常有红褐色的斑块和花纹。壳面光滑，生长纹明显。螺层5层，壳顶小，缝合线稍凹，体螺层膨圆，螺旋部呈低圆锥型。在体螺层下部周缘有1条发达的龙骨突出，使得体螺层底部形成1个斜面。壳口大，内黄褐色。外唇薄，易破损；内唇稍厚，有脐孔。厣角质。

生活习性及地理分布 生活于潮间带水塘内湾的马尾藻和大叶藻叶片上。曾报道见于山东荣成和青岛沿海；日本沿海也有分布。

大连市长海县各岛有分布。

大连沿海首次记录种。

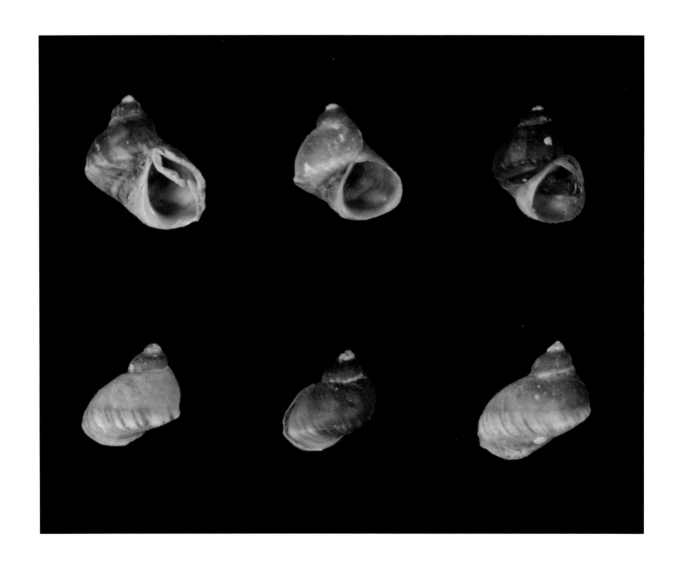

025. 塔穴螺

学名 *Lacuna turrita*（A. Adams, 1861）

形态特征 小型种类。壳长6~8.5mm。壳呈陀螺形。壳质薄，结实。壳面光滑，放大镜下可以见到细的生长纹。在体螺层下部周缘有1条弱的龙骨。壳表呈褐色，在缝合线下有1条浅色螺带，并延伸到龙骨上。螺层5层，缝合线凹。壳顶小，各螺层膨圆，体螺层大。壳口大，卵圆形，内黄褐色。外唇薄，内唇上部厚。脐区白色，较深，外周有1条龙骨突起。厣角质，黄褐色。

生活习性及地理分布 北方种。生活于潮间带的水坑或浅海，多在大叶藻叶片上附着。我国山东以北沿海有分布；日本北海道也有分布。

大连市旅顺口区有分布。

大连沿海首次记录种。

滨螺属（*Littorina* Ferussea, 1822）

026. 曲管滨螺

学名 *Littorina sitkana*（Philippi, 1846）

形态特征 小型种类。壳长10~15mm。壳近球形。壳质结实。壳表多呈单一的黑褐色，有时有白色色带。螺层约6层，缝合线明显，壳表光滑无肋。螺旋部短小，体螺层膨圆。壳口圆，外唇薄，内唇前端较圆，无脐孔。厣角质、褐色，核近中央靠内侧。

生活习性及地理分布 北方种。主要栖息于高潮线附近的岩礁海域，常密集成群。我国黄海有分布；朝鲜半岛和日本也有分布。

大连市旅顺口区，金州区，长海县各岛有分布。

我国沿海首次记录种。

027. 短滨螺

学名 *Littorina brevicula*（Philippi, 1844）

形态特征 小型种类。壳长10～15mm。壳近球形。壳质结实。壳表多呈褐绿色，壳色变化较多。螺层约6层，缝合线细、明显。螺旋部短小，呈圆锥形；体螺层膨圆。壳口圆，外唇形成褐、白色相间的镶边；内唇厚，宽大，下端向前方扩张成反折面，内中凹，无脐孔。厣角质，褐色，核近中央靠内侧。

生活习性及地理分布 北方优势种。主要栖息于高潮线附近的岩礁海域，常密集成群。我国沿海均有分布；朝鲜半岛和日本也有分布。

大连市沿海均有分布。

大连地区俗称香波螺儿、晒不死。可食用，味鲜美。

狭口螺科（Stenothyridae Tryon, 1866）

狭口螺属（*Stenothyra* Bonson, 1856）

028. 光滑狭口螺

学名　*Stenothyra glabra* A. Adams, 1861

形态特征　小型种类。壳长2～3mm。壳呈梨形，两端稍窄，中部膨胀。壳质薄而坚实。壳表灰白色。放大镜下可以看到壳面上有极细弱的螺旋沟纹。螺层约5层，缝合线明显。螺旋部高。壳口收缩，小而圆。无脐。厣石灰质。

生活习性及地理分布　主要栖息于潮间带高、中潮区，有淡水流入的河口附近以及内地淡水的沙滩上或植物的叶上附着。因个体小不易被人注意。我国渤海和黄海沿岸比较常见，向南可分布到福建沿海；日本和西伯利亚也有分布。

大连市内夏家河子有分布。

截尾螺科（Truncatellidae Gray, 1840）

截尾螺属（*Truncatella* Risso, 1826）

029. 费氏截尾螺

学名 *Truncatella pfeifferi* Von Martens, 1877

形态特征 个体较小，壳长6～7mm。壳呈圆柱形。壳表浅粉色。螺层4～5层，缝合线明显。壳顶尾部断裂并封闭。螺旋部膨胀，并有数量较多排列均匀的纵肋。壳口圆形，边缘厚。

生活习性及地理分布 常栖息于潮下带的泥沙质海底。我国渤海和黄海有分布；日本也有分布。大连市旅顺口区小黑石有分布。

渤海首次记录种。

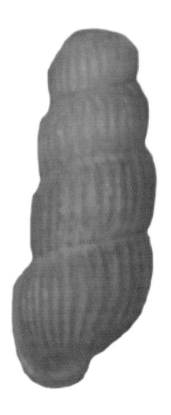

麛眼螺科（Rissoidae Gray, 1847）

类麛眼螺属（*Rissoina* Orbigny, 1840）

030. 小类麛眼螺

学名　*Rissoina bureri* Grabau & King, 1928

形态特征　小型种类。壳长2～3mm。壳近梨形。壳质薄而结实。壳表黑褐色，光滑无肋。螺层约5层，缝合线稍深。壳口卵圆形，外唇薄，内唇下部稍厚，脐孔窄。厣角质、紫褐色。

生活习性及地理分布　主要栖息于潮间带的海藻间或岩礁下。我国渤海和黄海有分布。

大连市内夏家河子，庄河市有分布。

大连沿海首次记录种。

031. 偏嘴鹿眼螺

学名 *Rissoina ambigua* Gould, 1862

形态特征　小型种类。壳长5～6mm。壳塔状。壳表灰白色。螺层约6层，缝合线浅、明显。体螺层大，占壳高1/2以上，上有均匀分布的强纵肋，斜向左下方。壳口大，偏向右侧，卵圆形，壳内白色。

生活习性及地理分布　主要栖息于潮下带的泥沙底海域。有文献记录台湾沿海有分布；日本也有分布。

编者于大连市夏家河子采集到一些活体标本，为我国大陆沿海首次报道。

朱砂螺科（Barleeidae Gray, 1857）

朱砂螺属（*Barleeia* Clark, 1853）

032. 窄小朱砂螺

　　学名　*Barleeia angustata*（Pilsbry, 1901）

　　形态特征　小型种类。壳长1~3mm。壳长卵圆形，有的较瘦长，有的较宽短。螺旋部高，呈圆锥形。壳表光滑，生长纹细密，多呈褐色或红褐色。壳质稍厚，结实。螺层6~7层，缝合线明显。壳口简单，呈卵圆形。厣深褐色，内侧有棒状的柄。

　　生活习性及地理分布　主要生活于潮间带中部至浅海的海藻上。我国渤海和黄海有分布；日本北海道至九州以北沿海也有分布。

　　大连市内黑石礁，旅顺口区有分布。

拟沼螺科（Assimineidae H. & A. Adams, 1856）

拟沼螺属（*Assiminea* Fleming, 1828）

033. 绯拟沼螺

学名 *Assiminea latericea* H. & A. Adams, 1863

形态特征 小型种类。壳长10～12mm。壳长卵圆形。壳表光滑，绯红色。壳质薄而结实。螺层6～7层，缝合线浅而明显。壳顶尖锐，螺旋部小，体螺层膨圆。壳口呈梨形，上方尖，周缘完整简单，易破损。外唇薄而锐利，内唇滑层较厚。厣角质，梨形薄片，少旋。

生活习性及地理分布 主要栖息于咸淡水河流内，低潮时干涸于水上、高潮时被淹没于水中。我国辽宁、河北、上海、浙江、台湾地区的河口处有分布；日本也有分布。

大连市内夏家河子有分布。

034. 琵琶拟沼螺

　　学名 *Assiminea lutea* A. Adams, 1861

　　形态特征　小型种类。壳长6～8mm。壳卵圆形。壳表平滑，暗褐色。壳质薄而坚实。螺层4～5层，缝合线较深。螺旋部小，呈圆锥形，体螺层膨胀。壳口卵圆形，周缘完整。外缘薄，内唇稍厚，白色。厣角质。

　　生活习性及地理分布　广盐性种类。主要栖息于入海河口处，一般在海水高潮线地带。我国沿海均有分布；俄罗斯、朝鲜和日本也有分布。

　　大连市内夏家河子有分布。

锥螺科（Turritellidae Lovén, 1847）

锥螺属（*Turritella* Lamarck, 1799）

035. 强肋锥螺

学名 *Turritella fortilirata* Sowerby, 1914

形态特征 壳长70～100mm。壳呈尖锥状。壳质结实。壳表黄褐色，生长纹明显。螺层16～18层，缝合线较浅。每一螺层有粗细不同、距离不均的螺肋5条。壳顶尖而光滑，常折损。螺旋部高、体螺层短。壳口近圆形，外唇薄且易破损，内唇厚。厣角质，红褐色，圆形。

生活习性及地理分布 北方常见种。主要栖息于潮下带的泥沙和软沙质底海域。我国渤海和黄海有分布；日本也有分布。

大连市内老虎滩、夏家河子，长海县各岛，庄河市有分布。

大连地区俗称海缀、螺丝螺。可食用。

汇螺科（Potamididae H. & A. Adams, 1854）

拟蟹守螺属（*Cerithidea* Swainson, 1840）

036. 中华拟蟹守螺

学名 *Cerithidea sinensis*（Philippi, 1848）

形态特征 壳长25～30mm。壳呈长锥形。壳质薄而结实。壳表淡黄褐色。螺层约12层，缝合线较深。壳顶数层常腐蚀残缺，各螺层微膨胀，螺旋部高，体螺层低。各螺层有波状纵肋，纵肋在体螺层上变弱。壳口卵圆形，壳内淡黄色，壳面具相应花纹。外唇薄，锐利，易破碎，其下端向前方延伸并反折；内唇稍厚，略直，前沟微突出。厣角质，黄褐色，圆形。

生活习性及地理分布 主要栖息于潮间带的泥沙滩。我国渤海和黄海有分布，我国特有种。大连市内小平岛、夏家河子有分布。

037. 尖锥拟蟹守螺

学名 *Cerithidea largillierti*（Philippi, 1848）

形态特征 壳长25～30mm。壳呈长锥形，壳质薄而结实。壳表紫褐色，具有黄白色的螺带，螺带在体螺层上有2条。胚壳光滑，其余壳面具有光滑而均匀的纵肋，体螺层上的纵肋有的较弱或不明显。螺层约12层，缝合线深。螺旋部高，体螺层较膨圆。壳口卵圆形，外唇薄且易破损；内唇滑层薄，紧贴于轴唇上，前沟微凸出。厣角质，黄褐色，圆形，多旋，核位于中央。

生活习性及地理分布 主要栖息于潮间带的泥沙滩。我国沿海均有分布；朝鲜半岛和日本也有分布。

大连市内小平岛、夏家河子有分布。

038. 红树拟蟹守螺

学名 *Cerithidea rhizophorarum* A. Adams, 1855

形态特征 壳长30~35mm。壳呈长锥形。壳质薄而结实。壳表颜色多变，通常为黄白色。壳顶常被腐蚀，残留螺层7~8层，缝合线明显。螺旋部高，体螺层高。在体螺层上的纵肋较弱或消失，其左侧常出现纵肿肋。壳口近圆形，内有紫褐色螺带。外唇薄，周缘略反折；内唇稍扩张，前沟浅，呈窦状。厣角质，黄褐色，圆形，多旋，核位于中央。

生活习性及地理分布 主要栖息于潮间带的泥沙滩，常栖息于红树林生境中。我国沿海均有分布；印-太海域也有分布。

大连市内小平岛有分布。

039. 珠带拟蟹守螺

学名 *Cerithidea cingulata*（Gmelin, 1791）

形态特征 壳长30～35mm。壳呈长锥形。壳质结实。壳表黑褐色。除壳顶1～2层光滑外，每一螺层具有3条串珠状的螺肋。螺层约15层，缝合线浅沟状。壳顶尖，螺旋部高，体螺层低。壳口近圆形，内面具有与壳表螺旋沟纹相应的紫褐色条纹。外唇稍厚，边缘扩张；内唇上方薄，下方稍厚，前沟短，呈缺刻状。无脐。厣角质，圆形，核位于中央。

生活习性及地理分布 广分布种。栖息于潮间带的泥质海滩上，在中潮区分布量最大。我国沿海均有分布；朝鲜半岛、日本和印度也有分布。

大连市内小平岛、龙王塘有分布。

滩栖螺科（Batillariidae Thiele, 1929）

滩栖螺属（*Batillaria* Benson, 1842）

040. 纵带滩栖螺

学名　*Batillaria zonalis*（Bruguière, 1792）

形态特征　壳长30～40mm。壳呈长锥形。壳质结实。壳表呈灰白或黑褐色。螺层约12层，缝合线明显，缝合线下通常具有1条较宽的灰白色螺带。除壳顶光滑外，其余壳表具有较强的纵肋和粗细不均匀的螺肋。螺旋部高，塔形；体螺层较短小，略向腹方弯曲。壳口卵圆形，内有褐色条纹。外缘薄，在后方具有一近呈V形的凹陷；前沟短，呈窦状，后沟仅留缺刻。厣角质，圆形。

生活习性及地理分布　广分布种。栖息于潮间带有淡水流入的泥沙滩附近。我国沿海均有分布；印-太海域也有分布。

大连市内小平岛、夏家河子，普兰店区，庄河市有分布。

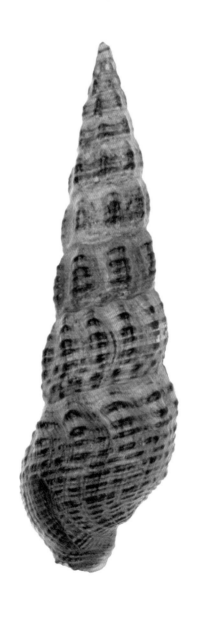

041. 古氏滩栖螺

学名 *Batillaria cumingi*（Crosse, 1862）

形态特征 壳长25～30mm。壳呈长锥形。壳质结实。壳表呈黑褐色，绝大多数壳表面光滑而不具纵肋。螺层约12层，缝合线浅而清晰，有的个体缝合线下部有1条白带。螺旋部高，体螺层低。壳口卵圆形，内褐色。外唇薄；内唇滑层稍厚，前沟短，呈缺刻状。厣角质，圆形。

生活习性及地理分布 广分布种。栖息于潮间带有淡水流入的泥沙滩附近。我国沿海均有分布；朝鲜半岛和日本也有分布。

大连市内大连湾、小平岛，旅顺口区，长海县各岛，庄河市有分布。

大连地区俗称吮波螺儿。肉可食，味道鲜美。

042. 多形滩栖螺

学名 *Batillaria multiformis*（Lischke, 1869）

形态特征 壳长25～32mm。壳呈长锥形。壳质结实。壳表黑灰色或青灰色。螺层约8层，略膨圆。缝合线浅而明显。壳顶常被腐蚀。螺旋部较高，呈塔形；体螺层低，膨胀，基部略向右方倾斜。壳口卵圆形，内紫褐色或黑褐色，有白色的条纹。外唇薄，常破损；内唇厚，白色，其上方有明显的白色滑层凸起，前沟缺刻状，后沟浅。厣角质，圆形。

生活习性及地理分布 广分布种，数量较少。栖息于潮间带有淡水流入的泥沙滩附近。我国沿海均有分布；朝鲜半岛和日本也有分布。

大连市内小平岛有分布。

滑螺科（Litiopidae Gray, 1847）

双翼螺属（*Diffalaba* Iredale, 1936）

043. 刺绣双翼螺

学名　*Diffalaba picta*（A. Adams, 1861）

形态特征　小型种类。壳长8～10mm。壳呈圆锥形。壳质薄脆，半透明。壳表淡褐色，常有红褐色细的波纹状条纹。壳面光滑，活体常被壳皮。螺层约8层，缝合线浅而明显。壳顶尖，螺旋部近塔形，体螺层膨大。壳口宽大，卵圆形。外唇薄，内唇中凹。无脐孔。厣角质。

生活习性及地理分布　少见种。栖息于潮间带至20m水深的浅海，常附着在大叶藻上。我国渤海和黄海沿海有分布；朝鲜半岛和日本也有分布。

大连市内夏家河子，旅顺口区老铁山有分布。

光螺科（Eulimidae Philippi, 1853）

瓷光螺属（*Eulima* Risso, 1826）

044. 双带瓷光螺

学名 *Eulima bifascialis*（A. Adams, 1863）

形态特征 小型种类。壳长7～15mm。壳呈细长锥形。壳质薄而坚实，半透明。壳表灰白色，每螺层有2条黄褐色带状条纹。表面光滑无螺肋。螺层约14层，缝合线浅。螺旋部高，体螺层低。贝壳前端收缩，呈钝圆形。壳口窄，水滴形，内面可见2条色带。外唇薄，内唇向外翻卷。无脐孔。

生活习性及地理分布 少见种。栖息于潮间带低潮区至40m水深的细沙质浅海。我国沿海均有分布；日本也有分布。

大连市内夏家河子有分布。

大连沿海首次记录种。

045. 马丽亚瓷光螺

学名 *Eulima maria*（A. Adams, 1861）

形态特征 小型种类。壳长10mm左右。壳呈塔形。壳质薄而坚实。壳表被黄褐色壳皮，表面光滑。缝合线明显，螺层约9层。壳顶较钝，螺旋部高；体螺层低，略显膨胀。壳口水滴形，壳内具壳面相应花纹。外唇薄；内唇较厚，前端稍向外扩张。

生活习性及地理分布 广分布种，北方沿海较多。主要栖息于潮间带至20m水深的细沙及泥沙质海底。我国沿海均有分布；日本也有分布。

大连市内夏家河子、庄河市有分布。

大连沿海首次记录种。

尖帽螺科（Capulidae Fleming, 1822）

发脊螺属（*Trichotropis* Broderip & Sowerby, 1829）

046. 二肋发脊螺

学名 *Trichotropis bicarinata* Sowerby, 1825

形态特征 壳长25～30mm。壳近纺锤形。螺旋部上有1条龙骨状突起形成肩部，其下方有2条螺肋。壳呈土黄色，外被黄褐色壳皮，壳皮在龙骨突起上形成凸出发达的刚毛。螺层5～6层，缝合线深。壳顶小、突出，螺层的高、宽增长较快，螺旋部高起，体螺层迅速扩张。壳口大，近方形，内淡褐色。外唇薄；内唇略厚，无脐孔。厣角质，褐色，肾形，少旋，核位于外侧近下端。

生活习性及地理分布 冷水性种，少见种。分布水域较深。在我国仅分布于黄海北部；日本北部、俄罗斯远东等地也有分布。

大连市内黑石礁、小平岛，长海县海洋岛有分布。

047. 发脊螺

学名 *Trichotropis unicarinata* Broderip & Sowerby, 1829

形态特征 壳长20~25mm。壳近纺锤形，与二肋发脊螺相似。壳呈土黄色，外被黄褐色壳皮，壳皮在龙骨突起上形成凸出发达的刚毛。螺旋部上有1条龙骨状突起形成肩部，其下方有1条螺肋。螺层6~7层，缝合线深。壳口大，近方形，内淡褐色。外唇薄；内唇略厚，脐孔大而深。厣角质，褐色。

生活习性及地理分布 冷水性种，罕见种。分布水域较深。在我国仅分布于黄海北部；日本北部、俄罗斯远东等地也有分布。

大连市内黑石礁、小平岛，长海县海洋岛有分布。

帆螺科（Calyptraeidae Lamarck, 1809）

管帽螺属（*Siphopatella* Lesson, 1931）

048. 扁平管帽螺

学名 *Siphopatella walshi*（Reeve, 1859）

形态特征 壳长4～5mm，壳宽20～30mm。壳扁平椭圆形或圆形，其形状常随附着物不同而变化。壳顶小，斜向右方，向内弯曲。壳表面光滑，白色或黄白色，有时也有淡褐色色彩。壳内面具有近三角形或扇状隔板，无厣。

生活习性及地理分布 常见种。常附着于玉螺、脉红螺等螺类空壳内。我国沿海均有分布；印-太海域也有分布。

大连市内小平岛、夏家河子，旅顺口区，长海县各岛，庄河市有分布。

片螺科（Velutinidae Gray, 1840）

片螺属（*Lamellaria* Montagu, 1815）

049. 纪伊片螺

学名 *Lamellaria kiiensis* Habe, 1944

形态特征 小型种类。壳长约7mm，壳宽约5mm。壳呈椭圆形。壳质薄，半透明。壳表面白色，生长纹明显，略显粗糙。缝合线细而清晰。胚壳小，光滑，凸出。螺旋部低小，体螺层膨大，几乎占贝壳的全部。壳口大，长而宽。贝壳被外套膜完全覆盖。动物活体时，肉体部分呈杏红色。

生活习性及地理分布 少见种。主要栖息于潮间带低潮区的岩石岸石块下面。我国黄海有分布；日本也有分布。

大连市内黑石礁、小平岛，长海县广鹿岛、大长山岛、小长山岛有分布。

玉螺科（Naticidae Guilding, 1834 ）

真玉螺属（*Eunaticina* Fischer, 1791 ）

050. 真玉螺

学名 *Eunaticina papilla*（Gmelin, 1791 ）

形态特征 壳长20～38mm，壳宽10～28mm。壳呈长卵圆形。壳质薄，结实。壳表乳白色，具网格状沟纹，被有黄色薄的壳皮，壳顶部壳皮常脱落。生长纹明显，螺层约5层，缝合线深。在体螺层常呈褶皱。壳顶突出，呈乳头状，螺旋部小；体螺层膨大而斜。壳口大，梨形；壳内白色，具光泽。外唇薄；内唇较厚，稍向外翻卷。脐孔深。厣角质，肾形，黄色半透明，不能遮盖壳口，核位于基部内侧。

生活习性及地理分布 广分布种。栖息于潮间带低潮区至潮下带20余米水深的沙和泥沙质海底，退潮后常潜入沙内。我国沿海均有分布，北方沿海较多；印-太海域也有分布。

大连市内夏家河子和庄河市有分布。

镰玉螺属（*Euspira* Agassiz in Sowerby, 1938）

051. 微黄镰玉螺

学名 *Euspira gilva*（Philippi, 1851）

形态特征 大型种类。壳长40～50mm，壳宽33～35mm。壳呈梨形。壳质坚实。壳表灰褐色，螺旋部颜色通常较深，多呈青灰色，愈向壳顶色愈深，靠近壳顶呈黑灰色。壳面光滑无肋，生长线细密，有时在体螺层上形成纵的褶皱。螺层约6层，缝合线明显。螺旋部高起，呈圆锥形；体螺层大而膨圆。壳口梨形，外唇光滑易碎。脐孔深。厣角质，栗色。

生活习性及地理分布 广分布种。栖息于潮间带的软泥质及沙泥质海底。肉食性。我国沿海均有分布；朝鲜半岛和日本也有分布。

大连市内夏家河子，普兰店区，庄河市有分布。

大连地区俗称香波螺儿。肉可食，味鲜美。

扁玉螺属（*Glossaulax* Pilsbry, 1929）

052. 扁玉螺

学名 *Glossaulax didyma*（Röding, 1798）

形态特征 大型种类。壳长30～40mm，壳宽70～100mm。壳呈半球形，背腹扁。壳质较厚。壳面黄褐色，壳顶淡紫色，基部白色。壳表光滑无肋，生长纹明显。螺层约5层，缝合线细而明显。从壳顶到体螺层迅速膨大。壳口大，卵圆形。外唇边缘薄且光滑；内唇滑层较厚，中部形成滑层遮盖部分脐孔，滑层通常为紫褐色，其上有一明显的沟痕。脐孔大而深，螺旋向下。厣角质，黄褐色。

生活习性及地理分布 广分布种。主要栖息于潮间带的沙和泥沙质海底。肉食性。产卵期8～9月，卵带围领状。我国沿海均有分布，北方多于南方；印-太海域也有分布。

大连市内夏家河子，普兰店区，庄河市有分布。

大连地区俗称肚脐波螺、香螺。肉可食，味鲜美。

053. 广大扁玉螺

学名 *Glossaulax reiniana*（Dunker, 1877）

形态特征 大型种类。壳长40～50mm，壳宽40～50mm。壳质坚厚。壳表黄褐色，壳顶淡紫色。壳面光滑，生长纹细密。螺层约5层，缝合线明显。螺旋部短小，体螺层膨胀。外唇边缘薄且光滑；内唇滑层较厚，中部形成滑层遮盖部分脐孔，滑层淡紫色，其上有一明显的沟痕。脐孔大而深，螺旋向下。厣角质，黄褐色。

生活习性及地理分布 广分布种。主要栖息于潮下带的沙和泥沙质海底。肉食性。产卵期8～9月，卵带围领状。我国沿海均有分布，北方多于南方；印–太海域也有分布。

大连市内老虎滩、小平岛，旅顺口区，庄河市有分布。

经济价值与扁玉螺相同。

玉螺属（*Natica* Scopoli, 1777）

054. 斑玉螺

学名 *Natica tigrina*（Röding，1798）

形态特征 壳长20～30mm。壳近球形，表面平滑。壳面黄白色，密布紫褐色斑点，有时斑点相互连接形成断续纵走条纹。螺层约5层，缝合线较深。螺旋部低小，体螺层大而膨圆。壳口卵圆形，内白色。外唇薄；内唇滑层上薄，中、下部厚。脐孔小而深。厣石灰质，外缘具有2条明显的沟痕。

生活习性及地理分布 广分布种。主要栖息于潮间带及潮下带的泥沙或泥质海底。我国沿海均有分布，北方沿海数量较少；印-太海域也有分布。

大连市庄河市有分布。

隐玉螺属（*Cryptonatica* Dall, 1892）

055. 黄海隐玉螺

学名 *Cryptonatica huanghaiensis* Zhang, 2008

形态特征 壳长15～35mm。壳近球形。壳质薄，结实。壳表黄褐色或浅黄色，基部白色，常被有黄褐色壳皮，壳面具有细而密集的波纹状纵走褐色或紫褐色条纹。螺层4～5层，缝合线浅。壳顶低平，螺旋部小，体螺层膨圆。壳口大，半圆形。壳内面灰白色或浅棕色。外唇半圆形；内唇近直，向内形成新月形滑层。脐孔小而深。厣钙质，半圆形，呈白色，边缘有2条浅的沟痕，沟痕中间具有1条细弱的肋。核大凸出，深褐色，位于内侧下方。

生活习性及地理分布 北方种。常栖息于潮下带的泥沙质海底。我国黄海北部有分布，目前仅在大连地区有记录。

大连市内老虎滩、龙王塘有分布。

056. 斑纹玉螺

学名 *Cryptonatica striatica* Zhang & Wei, 2011

形态特征 壳长15～25 mm。壳近球形。壳长、壳宽近相等。壳质薄。壳表淡黄色或亮褐色。壳面平滑，生长纹浅而明显。壳顶2～3层，暗褐色，体螺层中部有深褐色条斑。螺层4～5层，缝合线浅而清晰。螺旋部小，体螺层膨大而圆。壳口半圆形，壳内面黄褐色。外唇半圆形，内唇近直。脐孔被半圆形滑层完全覆盖。厣钙质，有1条不明显的凹槽；核大，褐色，位于内侧下方。

生活习性及地理分布 常栖息于潮下带的泥沙质海底。我国黄海北部有分布，目前仅在大连地区有记录。

大连市内老虎滩、凌水湾有分布。

057. 紫带隐玉螺

学名 *Cryptonatica purpurfunda* Zhang & Wei, 2010

形态特征 壳长10～20mm。壳近球形。壳质结实。壳面光滑，生长纹细。壳表棕黄色，具棕色网格状花纹。体螺层下部有1条清晰的深棕色色带。螺层4层，缝合线浅。壳顶低平，体螺层膨圆。壳口大，半圆形。壳内面白色，具光泽。外唇半圆形，内唇近直。脐孔被半圆形滑层完全覆盖。厣钙质，白色，边缘有1条不明显的沟痕；核大，淡紫色，位于内侧下方。

生活习性及地理分布 北方种。常栖息于潮下带的泥沙质海底。我国黄海北部有分布，目前仅在大连地区有记录。

大连市内老虎滩有分布。

058. 拟紫口玉螺

学名 *Cryptonatica andoi*（Nomura, 1935）

形态特征 大型种类。壳长40～50mm，大者可达60mm。壳近球形。壳质厚而结实。壳表呈土黄色，在体螺层上具有灰白色螺带3条。壳表平滑无肋，生长纹明显。螺层约5层，缝合线明显。螺旋部小，体螺层膨大。壳口半圆形，内乳白色，深处为淡紫色。外唇薄，内唇稍厚。底部滑层半遮盖脐孔，较小的个体滑层完全将脐孔遮盖。厣石灰质，半圆形，平滑，外缘具有2条明显的半圆形沟痕，核位于内侧下端。

生活习性及地理分布 我国北方沿海常见种。主要栖息于潮下带沙或泥沙质的海底。我国渤海和黄海有分布；朝鲜半岛和日本也有分布。

大连市内老虎滩，长海县各岛，庄河市有分布。

大连地区俗称钢螺。可食用。

冠螺科（Cassidiae Latreille, 1825）

蚶螺属（*Phalium* Link, 1809）

059. 短沟纹蚶螺

学名 *Phalium strigatum breviculum* Tsi & Ma, 1980

形态特征 大型种类。壳长50～70mm。壳呈卵圆形。壳较薄，结实。壳表淡黄色，其上具有黄褐色纵走波状花纹。螺层约7层，缝合线浅。螺旋部呈低圆锥形，体螺层膨大。螺旋部除壳顶2层光滑外，其余壳表具有粒状突起。体螺层上的沟纹35～51条，以40条左右者较多。在螺层上常出现纵肿肋。壳口长，上窄，向下逐渐增宽。外唇厚，向外翻卷，内缘具肋状的齿；内唇薄，上部紧贴于体螺层上，下部较厚，向外延伸呈片状遮盖脐部，轴唇前部具有肋、粒状褶襞。厣角质，半月形，褐色。

生活习性及地理分布 不常见种。主要栖息于潮下带细沙质的浅海，有潜沙习性。我国仅分布于长江口以北的渤海和黄海沿岸。

大连市旅顺口区，金州区，庄河市有分布。

大连地区俗称花螺、虎皮螺。

骨螺科（Muricidae Rafinesque, 1815）

红螺属（*Rapana* Schumacher, 1817）

060. 脉红螺

  学名 *Rapana venosa*（Valenciennes, 1846）

  形态特征 大型种类。壳长80～100mm，大者180mm以上。壳质极坚厚。壳表黄褐色，具棕色或紫棕色斑点、花纹，个别个体橘红色。螺层约6层，缝合线浅。螺旋部小，体螺层膨大。每一螺层外形成肩角，肩角上具角状突起。壳口较大，内面暗红色或具黄白相间条纹，有光泽。外唇坚实，边缘随螺肋形成尖角；内唇上薄下厚，向外延伸形成滑层。厣角质，质厚，核位于外侧。

  生活习性及地理分布 北方骨螺科最大种类。栖息于潮间带至水深20m的岩礁及泥沙质海底。雌雄异体，每年夏季水温19～26℃进入产卵期，交配时雄螺与雌螺壳口呈45°角相对，成熟期精巢淡黄色，卵巢橘黄色，大连地区产卵的高潮期一般在8月上旬。我国黄海、渤海和东海有分布；朝鲜半岛、日本和东南亚地区也有分布。

  大连市沿海均有分布。

  大连地区俗称红里子，数量极多。为本地居民广泛食用，味道鲜美。

荔枝螺属（*Thais* Röding, 1798）

061. 疣荔枝螺

学名 *Thais clavigera*（Küster, 1860）

形态特征 壳长30~40mm。壳近菱形。壳质坚厚。壳表多呈土黄、黄褐或紫褐色，具浅色条纹和斑点。螺层约5层，缝合线浅。螺旋部塔状，体螺层略膨大。在螺旋部每层中部有1列，体螺层约有4列疣状突起。壳口卵圆形，内多具深色斑纹。外唇齿发达，基部突起明显；内唇光滑，淡黄色。厣角质，黄褐色，多有三角形褐色色斑。

生活习性及地理分布 广分布种。常栖息于潮间带中低潮区的岩石缝隙和石块下方，群居性。我国沿海均有分布，渤海和黄海常见种；印–太海域也有分布。

大连市沿海均有分布。

大连地区俗称辣螺，可食用。

062. 黄口荔枝螺

学名 *Thais luteostoma*（Holten, 1803）

形态特征 壳长40~50mm，大者可达70mm。壳呈纺锤形。壳质坚实。壳表呈灰黄色，杂有紫褐色的斑块，整个壳面生有许多细密的螺纹和生长纹。螺层约6层，缝合线浅、不明显。螺旋部较高，体螺层较膨大。每一螺层的中部突出形成肩角，其上有1列角状突起。壳口呈长卵圆形，内面土黄色，并有少量的紫褐色云斑。外唇薄，有锯齿状缺刻，内侧有3~4枚齿状突起；内唇略直，光滑。角质厣，同疣荔枝螺。

生活习性及地理分布 广分布种。常栖息于潮间带的岩礁间或砾石间。我国沿海均有分布；日本也有分布。

大连市旅顺口区，金州区，长海县各岛有分布。

大连地区俗称黄牛、辣螺。肉可食。数量较少。

063. 可变荔枝螺

学名 *Thais mutabilis*（Link, 1807）

形态特征 壳长30～40mm。壳呈纺锤形。壳质坚实。壳表呈灰黄色。螺层约6层，缝合线明显。螺旋部略高，各螺层形成的肩部宽而明显。外唇薄，上端呈短棘状，形成肉红色的齿，个别个体为淡粉色。壳口内呈淡肉色。具角质厣，梨形。

生活习性及地理分布 常栖息于潮间带低潮区的岩礁海域。我国东海和南海有分布；印–太海域有分布。

大连市内老虎滩和凌水湾有分布，数量少。

辽宁沿海首次记录种。

角口螺属（*Ceratostoma* Herrmannsen, 1846）

064. 钝角口螺

学名 *Ceratostoma burnetti*（Adams & Reeve in Reeve, 1849）

形态特征 壳长80～90mm。壳略呈菱形。壳质坚厚。壳表灰黄色，有的具有2～3条褐色色斑。螺层约8层，缝合线较明显。螺旋部较低，体螺层大。螺旋部上2层具有细的螺肋和纵肋，其余螺层具有3条翼状的纵肋，体螺层上的纵肋不规则。壳口卵圆形，内面呈淡褐色。外唇厚，边缘具有凸出的齿，其中以基部倒数第2齿特别发达，呈片状伸出；内唇光滑，前沟呈管状，前段外展。厣角质，褐色。

生活习性及地理分布 北方种。常栖息于潮间带的岩石间或藻类丛生的环境中。我国山东省以北沿海有分布，数量较少；朝鲜半岛和日本也有分布。

大连市内老虎滩、付家庄、小平岛，旅顺口区，长海县各岛有分布。

大连地区俗称辣螺。肉可食。

065. 润泽角口螺

学名 *Ceratostoma rorifluum*（A. Adams & Reeve, 1850）

形态特征 壳长45~50mm。壳呈纺锤形。壳质结实。壳表面灰白色，纵肋间多为褐色或紫褐色。壳表粗糙，每一螺层具有4条片状纵肋，生长纹清晰。螺层6~7层，缝合线浅。螺旋部低圆锥状，体螺层大。壳口小，长卵圆形，壳口边缘为白色，内面紫褐色，有光泽。外唇厚，内缘具粒状齿；内唇直，光滑，上方有一紫褐色斑块。前沟短，管状封闭。厣角质，褐色。

生活习性及地理分布 北方种。常栖息于潮间带的岩石间。我国山东省以北沿海有分布；朝鲜半岛和日本（北海道以南）也有分布。

大连市旅顺口区，金州区，长海县各岛，庄河市有分布。

大连地区常见种，俗称辣螺、老婆眼儿。肉可食。

乌秖螺属（*Ocenebra* Gray, 1847）

066. 内饰乌秖螺

学名 *Ocenebra inornata*（Récluz, 1851）

形态特征 壳长25～35mm。壳呈菱形或纺锤形。壳质坚实。壳表呈灰黄色或黄褐色，在缝合线上面及体螺层中部常有1条褐色的螺带。壳面具有排列不均匀的螺肋及片状的纵肋。生长纹细密，呈细裙状，螺层6～7层，缝合线明显。螺旋部呈阶梯状，体螺层膨大。壳口卵圆形，内面紫褐色。外唇宽厚，内缘具颗粒状小齿；内唇略直，光滑。前沟稍短，呈封闭或半封闭的管状。厣角质。

生活习性及地理分布 北方常见种。常栖息于潮间带的岩礁间。我国渤海和黄海有分布；朝鲜半岛和日本也有分布。

大连市旅顺口区，金州区，长海县各岛有分布。

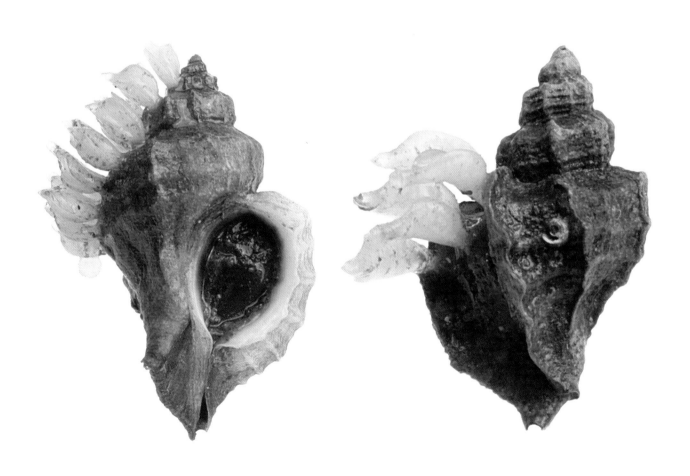

翼紫螺属（*Pteropurpura* Jousseaume, 1880）

067. 钩翼紫螺

学名 *Pteropurpura falcatus*（Sowerby, 1834）

形态特征 壳长40～50mm。壳近纺锤形。壳质结实。壳表呈淡黄色，体螺层上通常有宽窄不均匀的褐色螺带。螺层6～7层，缝合线浅。螺旋部小；体螺层上部扩张，有4条发达的翼状纵肋，向肩部上方伸展。壳表具不太均匀的螺肋，螺肋在体螺层不明显。壳口近圆形，内白色。外唇边缘厚，与翼状肋处于同一平面；内唇平滑。具假脐。前沟封闭，呈管状向外延伸。厣角质，褐色。

生活习性及地理分布 北方种。常栖息于潮间带和潮下带的沙砾质或泥沙质海底。我国黄海北部有分布；朝鲜半岛和日本也有分布。

大连市内老虎滩，旅顺口区，长海县各岛有分布。

大连地区俗称辣螺。肉可食。壳漂亮，在贝壳收藏界备受追捧，称其为四翼芭蕉。

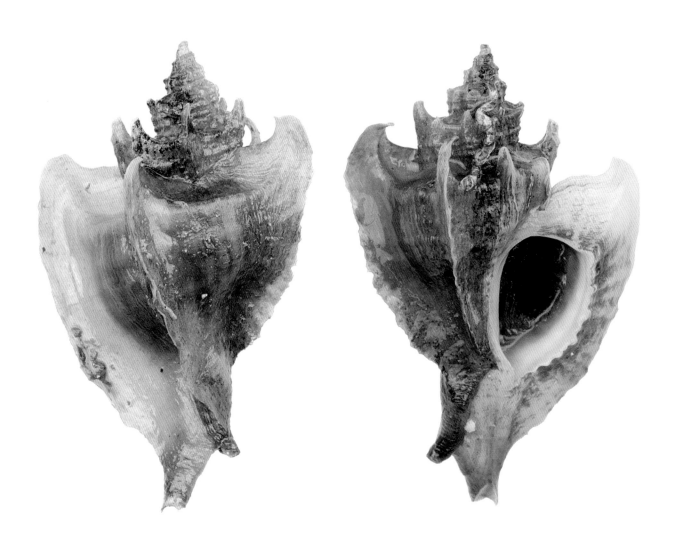

北方饵螺属（*Boreotrophon* Fischer, 1884）

068. 腊台北方饵螺

学名 *Boreotrophon candelabrum*（Reeve, 1848）

形态特征 壳长25～40mm，大者可达50mm。壳呈长纺锤形。壳质略薄。壳表灰白色，在体螺层中部有1条褐色螺带。螺层约7层，缝合线浅。螺旋部小；体螺层膨大，下端伸展。壳顶光滑，体螺层有8～9条比较均匀呈片状的纵肋。壳口卵圆形，外唇薄，上部具突出的三角形棘；内唇近直，白色，覆盖脐部。前沟长，呈半管状，稍曲。厣角质，卵圆形。

生活习性及地理分布 北方种。常栖息于潮下带的沙砾质或泥沙质海底。我国仅见于黄海，大连地区较少见；朝鲜半岛和日本也有分布。

大连市内老虎滩、付家庄，长海县各岛有分布。

核螺科（Columbellidae Swainson, 1840）

小笔螺属（*Mitrella* Risso, 1826）

069. 布尔小笔螺

学名 *Mitrella burchardi*（Dunker, 1877）

形态特征 壳长10～20mm。壳呈长卵圆形。壳质结实。壳表灰黄色或淡褐色，被黄色薄的壳皮，具有火焰状或网目状褐色花纹。螺层约7层，缝合线明显。螺旋部圆锥形，体螺层膨大。壳口大，内深褐色。外唇薄，内唇厚。厣角质，少旋，核位于中部外侧。

生活习性及地理分布 广分布种。常栖息于潮间带的岩石块下面。我国渤海和黄海习见种，东海有分布；日本也有分布。

大连市内老虎滩、付家庄，长海县各岛有分布。

070. 丽小笔螺

学名 *Mitrella bella*（Reeve, 1859）

形态特征 壳长10～20mm。壳呈纺锤形。壳质厚实。壳表黄白色，具有褐色或紫褐色纵走火焰状花纹。螺层约8层，缝合线细。螺旋部尖塔形，体螺层基部收缩。壳口小，内面黄白色。外唇稍薄，内缘有小齿。前沟短，缺刻状。厣角质，黄褐色，少旋，核位于下端。

生活习性及地理分布 广分布种。常栖息于潮间带的岩石块下面，喜群集。我国渤海和黄海常见种，东海、南海有分布；日本也有分布。

大连市内老虎滩、付家庄、小平岛、夏家河子，长海县各岛有分布。

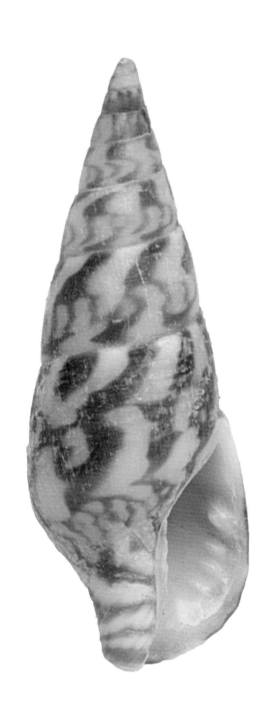

杂螺属（*Zafra* A. Adams, 1860）

071. 小杂螺

学名 *Zafra pumila*（Dunker, 1860）

形态特征 小型种类。壳长约3mm。壳呈纺锤形。壳质厚实。壳表紫褐色，壳顶数层黑褐色，壳口周缘淡褐色。螺层约6层，缝合线明显。螺旋部较短，圆锥形；体螺层大，前端较瘦。壳基部有8条细的螺肋。壳口窄长，内面黄褐色或橘黄色。外唇薄，内缘具粒状齿；内唇稍厚，紧贴于轴唇上。前沟短，缺刻状。厣角质，无脐。

生活习性及地理分布 北方种。常栖息于潮间带岩石区的藻类基部或石块下，营附着生活。我国渤海和黄海有分布，数量较少；日本也有分布。

大连市内夏家河子有分布。

大连沿海首次记录种。

蛾螺科（Buccinidae Rafinesque, 1815）

蛾螺属（*Buccinum* Linnaeus, 1758）

072. 黄海蛾螺

学名 *Buccinum yokomaruae* Yamashita & Habe, 1965

形态特征 壳长30~40mm。壳呈卵圆形。壳质结实。壳表淡黄色或褐色，具不规则色斑，被有绒毛状壳皮。螺层约7层，缝合线浅，螺层较膨胀。螺旋部呈圆锥形；体螺层膨大，有20~26条螺肋，肋间有细线状肋纹。壳口卵圆形，壳内白色，有不明显的浅沟纹。外唇薄，边缘具有弱的缺刻；内唇稍厚，中部微凹。前沟短，呈缺刻状，后沟不显。厣角质，小而薄，不能掩盖壳口，核位于中央微靠外侧。

生活习性及地理分布 北方种。常栖息于潮下带的泥沙质或软泥质海底。我国黄海有分布；朝鲜半岛也有分布。

大连市内老虎滩，旅顺口区，长海县各岛有分布。

073. 朝鲜蛾螺

学名 *Buccinum koreana* Choe, Yoon & Habe, 1992

形态特征 壳长40~50mm。壳近长卵圆形。壳质结实。壳表黄色或淡褐色，有时夹杂白色和棕色斑块，具粗细不等的螺肋。螺层约7层，缝合线收缩。螺旋部呈圆锥形；体螺层中部膨大，前部收窄。在各螺层中部常形成肩角，有的个体肩部圆而不突出。壳口呈梨形，内面褐色或灰褐色。外唇稍扩张，轴唇稍弯曲，中部具一螺旋状的凹陷；内唇滑层弱。前水沟短而宽，向背方弯曲。厣薄，卵圆形。

生活习性及地理分布 北方种。常栖息于潮间带和潮下带的泥沙质或沙砾质海底。我国仅在黄海北部有发现；日本北部和俄罗斯远东地区沿海也有分布。

大连市旅顺口区，长海县各岛有分布。

大连地区俗称香波螺。肉可食，味鲜美。

注：曾定名为水泡蛾螺 *Buccinium pemphigum*（Dall, 1907）。

平肩螺属（*Japelion* Dall, 1926）

074. 侧平肩螺

学名 *Japelion latus*（Dall, 1918）

形态特征 大型种类。壳长80～90mm。壳呈纺锤形。壳质略薄，结实。壳表面被有细绒毛状的黄褐色壳皮，壳皮下面具细而平的螺旋肋纹。螺层约6层，呈阶梯状，缝合线明显。螺旋部高，体螺层膨大。壳顶圆球状，易碎，肩角上具1条竖起的领状龙骨。壳口大，近圆形，内面淡褐色。外唇边缘薄，上部具角；内唇薄，弧形，紧贴于体螺层上，前端部微竖起。前沟短，绷带粗大。厣角质，核位于前端。

生活习性及地理分布 北方种。常栖息于潮下带的软泥质和泥沙质海底。我国黄海有分布，较少见；朝鲜半岛和日本也有分布。

大连市内老虎滩、付家庄，旅顺口区有分布。

香螺属（*Neptunea* Röding, 1789）

075. 香螺

学名　*Neptunea cumingii* Crosse, 1862

形态特征　大型种类。壳长80~120mm，大者可达150mm以上。壳近菱形，壳质结实。壳表黄褐色，有的个体具有距离不等、宽窄不一的白色螺带，并被有薄的褐色壳皮。壳面具有细密的螺肋、螺纹和明显的生长纹。螺层约6层，缝合线明显。螺旋部小，呈圆锥形；体螺层膨大，前端收缩。肩角上具结节突起或呈翘起的鳞片状突起。壳口大，内面灰白色或淡褐色。外唇简单，弧形；内唇滑层较厚，稍向外伸展。前沟宽短，前端稍曲。厣角质。

生活习性及地理分布　北方常见种。常栖息于潮下带的泥质或岩石质海底。我国渤海和黄海有分布；朝鲜半岛和日本也有分布。

大连市旅顺口区，金州区，长海县各岛有分布。

大连地区常见经济种，俗称海螺儿。肉肥大，味鲜美。

小厣

左旋香螺

076. 略胀香螺

学名 *Neptunea subdilatata*（Yen, 1936）

形态特征 大型种类。壳长80～100mm。壳呈纺锤形。壳质稍坚硬。壳表呈黄褐色，有不均匀黄白色火焰状的条纹。螺层约7层，缝合线明显。螺旋部呈圆锥形；体螺层大，中部扩张，被1条粗大而钝的龙骨围绕。螺旋部除壳顶两层光滑外，其余各层具有细而明显的螺旋肋。壳口卵圆形，内面淡褐色。外唇中上部具角；内唇滑层紧贴于体螺层上，光滑。前沟延长，呈半管状，略扭曲。厣角质。肉呈杏黄色。

生活习性及地理分布 北方种。常栖息于潮下带的泥质和软泥质海底。为我国和朝鲜的特有种，我国仅在大连有分布。

大连市内老虎滩、付家庄，旅顺口区有分布。

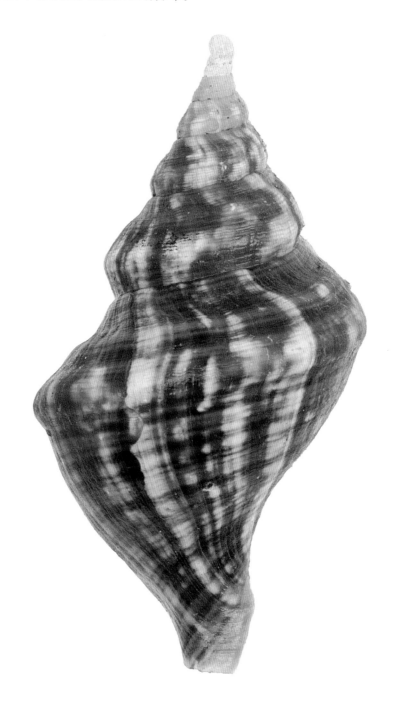

管蛾螺属（*Siphonalia A. Adams, 1863*）

077. 褐管蛾螺

学名 *Siphonalia spadicea*（Reeve, 1846）

形态特征 壳长45~55mm。壳呈纺锤形。壳质结实。壳表灰白色，被有黄褐色薄的壳皮，有细密螺肋和更细的间肋。生长线明显，有时形成明显或不明显的皱褶。螺层约8层，缝合线浅。螺旋部高，体螺层略膨胀，螺旋部中部和体螺层上部扩张形成钝的肩部，肩部纵肋明显。壳口卵圆形，内面淡黄色，长有细弱的肋纹。外唇简单，内唇光滑或具不明显的肋纹。前沟稍延长，前端向背方扭曲，具绷带。厣角质，褐色，洋梨形，少旋，核位于前端。

生活习性及地理分布 常栖息于潮下带的软泥或泥沙质海底，其贝壳上常附着1个活的海葵。我国黄海、东海有分布，黄海少见；朝鲜半岛和日本也有分布。

大连市旅顺口区，长海县各岛有分布。

涡蜀螺属（*Volutharpa* Fischer, 1856）

078. 皮氏蛾螺

学名 *Volutharpa ampullacea perryi*（Jay, 1855）

形态特征 壳长45～65mm。壳呈长卵圆形。壳质薄，易破损。壳表黄白色，外被黄褐色或黑褐色壳皮，具纵横交叉的细线纹。生长纹细密，有时呈皱褶状。螺层约5层，缝合线细。螺旋部低小；体螺层极膨大，占壳的极大部分。壳口大，内面灰白色。外唇薄，弧形；内唇较扩张，紧贴于体螺层上。前沟短，绷带发达，具假脐。厣角质，卵圆形，很小，盖不住壳口，多旋，核位于中央。

生活习性及地理分布 北方种。常栖息于潮下带的软泥质海底。我国仅分布于黄海北部；朝鲜半岛和日本也有分布。

大连市旅顺口区，长海县各岛有分布。

足部肥大，肉质鲜美，有"假鲍鱼"之称。

甲虫螺属（*Cantharus* Röding, 1789）

079. 甲虫螺

学名 *Cantharus cecillei*（Philippi, 1844）

形态特征 壳长30～35mm。壳呈纺锤形，壳质坚厚。壳表粗糙，黄白色或有褐色色带，具有细密螺肋和6～10条粗壮的纵肋，外被长着短绒毛的黄褐色壳皮。螺层约7层，缝合线浅，呈波纹状。螺旋部较小，呈圆锥形；体螺层大，前端收缩。壳口呈长卵圆形，内面白色。外唇边缘有肋状的齿；内唇薄，前端有的向外延伸形成明显的假脐。前沟短，半管状。厣角质，洋梨形，少旋，核位于前端。

生活习性及地理分布 广分布种。常栖息于潮间带和潮下带的岩礁质、沙砾质或泥沙质海底。我国沿海均有分布，北方海域少见；西太平洋沿岸也有分布。

大连市旅顺口区和长海县各岛有分布。

脊蛾螺属（*Lirabuccinum* Vermeij, 1991）

080. 小鼠脊蛾螺

学名 *Lirabuccinum musculu* Callomon & Lawless, 2013

形态特征 壳长45～65mm。壳呈长纺锤形。壳质薄，结实。壳表呈淡黄色或黄褐色，具不均匀的褐色条纹。螺层约9层，缝合线浅。螺旋部较高，呈尖塔形；体螺层高大，体螺层上部的缝合线下方有明显收缩，形成一斜坡。壳顶小而尖，约2层光滑无肋，其余表面有明显的纵肋和粗细相间的螺旋肋。壳口长卵圆形。外唇较薄；内唇光滑，轴唇微曲。前水沟稍长，半管状。厣角质，褐色。肉呈杏红色。

生活习性及地理分布 北方种。常栖息于潮下带的软泥质海底。我国黄海北部有分布；朝鲜半岛和日本也有分布。

大连市内老虎滩、付家庄，旅顺口区，长海县各岛有分布。

织纹螺科（Nassariidae Iredale, 1916）

织纹螺属（*Nassarius* Duméril, 1806）

081. 纵肋织纹螺

学名 *Nassarius variciferus*（A. Adams, 1851）

形态特征 壳长25～30mm。壳呈长圆锥形。壳质坚实。壳表淡黄色或黄白色，有褐色螺带。通常在每一螺层上有1～2条纵肿肋，有精致的纵肋和细的螺旋纹。螺层约8层，缝合线较深。螺旋部呈圆锥形，体螺层大。壳口为卵圆形，内面呈黄白色。外唇薄，其内侧具有1列齿状突起；内唇弧形，上部薄，下部稍厚，具7枚齿状褶襞。厣角质，薄而透明，外缘具齿状缺刻。

生活习性及地理分布 广分布种。常栖息于潮间带和潮下带的泥质或泥沙质海底。我国沿海均有分布；朝鲜半岛和日本也有分布。

大连市旅顺口区，金州区，普兰店区，瓦房店市，庄河市有分布。

大连地区常见种，俗称海撒子。肉可食，味鲜美。

082. 半褶织纹螺

学名 *Nassarius sinarus*（Philippi, 1851）

形态特征 壳长15~20mm。壳呈卵圆形。壳质坚硬。壳表黄白色，被有黄褐色薄的壳皮，具有紫褐色螺带。螺层约7层，缝合线明显。螺旋部呈圆锥形；体螺层较大，基部收缩。壳口呈卵圆形，内面黄白色。外唇薄，内缘具齿状突起；内唇微向外延伸，后端具1个肋状突起。前沟短，呈缺刻状；后沟浅而小。厣角质，黄褐色，薄，边缘光滑。

生活习性及地理分布 中国特有种。常栖息于潮间带的沙质或泥质海底。我国渤海、黄海、东海均有分布。

大连市金州区和庄河市有分布。

大连沿海首次记录种。

083. 红带织纹螺

学名 *Nassarius succinctus*（A. Adams, 1852）

形态特征 壳长15～20mm。壳近纺锤形。壳质结实。壳表黄白色，体螺层上有3条红褐色螺带，其他螺层为2条螺带。螺层约8层，缝合线明显。螺旋部较高；体螺层中部膨胀，基部收缩。壳口呈卵圆形，内面黄白。外唇薄，有锯齿状缺刻，内缘具6～8枚齿状突起，背侧有一粗大黄白色的纵肋；内唇弧形、薄，接近后端具齿状突起。前沟宽短，后沟窄。厣角质。

生活习性及地理分布 广分布种。常栖息于潮间带和潮下带的泥沙质或泥质海底。我国沿海均有分布；印–太海域也有分布。

大连市旅顺口区，金州区，普兰店区，瓦房店市，长海县各岛，庄河市有分布。

084. 秀丽织纹螺

学名 *Nassarius festivus*（Powys, 1835）

形态特征 壳长15~20mm。壳呈长卵圆形，壳质坚实。壳表黄褐色，体螺层上有2~3条褐色螺带、9~12条纵肋及7~8条螺肋。螺层约9层，缝合线明显，微呈波状。螺旋部圆锥形，体螺层略大。壳口卵圆形，内面黄色或褐色，有褐色螺带。外唇薄，内缘具4枚褶状齿；内唇上部薄，下部稍厚，并向外延伸遮盖脐部，内缘具3~4个粒状齿。前沟短而深，后沟很短小。厣角质。

生活习性及地理分布 广分布种。常栖息于潮间带的泥质或泥沙质海滩，喜聚集成群。我国沿海均有分布；印-太海域也有分布。

大连市旅顺口区，金州区，普兰店区，瓦房店市，长海县各岛，庄河市有分布。

085. 黄织纹螺

    学名 *Nassarius hiradoensis*（Pilsbry, 1904）

    形态特征 形状与秀丽织纹螺相似。壳长20～30mm。壳呈长卵圆形。壳质较薄，坚硬。壳表淡黄色，在螺旋部常有不规则的淡青灰色，体螺层具纵肋12～15条、螺肋10～12条。螺层约8层，缝合线明显，螺层较膨圆。螺旋部呈圆锥形；体螺层较大，基部急剧收缩。壳口卵圆形，边缘黄白色，内面黄白色较深。外唇薄；内唇上部薄，下部较厚，并向外延伸遮盖脐部。前沟短，向外扭曲；后沟较浅。厣角质。

    生活习性及地理分布 北方种。常栖息于潮间带的泥质和泥沙质海滩上。我国渤海和黄海有分布；日本也有分布。

    大连市金州区和庄河市有分布。

086. 群栖织纹螺

学名 *Nassarius gregarius*（Grabau & King, 1928）

形态特征 小型种类。壳长7~8mm。壳呈长卵圆形，较细瘦。壳质坚实。壳表黄白色，在体螺层上具有紫色螺带2条。螺层约7层，缝合线较深，螺层膨圆。螺旋部呈圆锥形，体螺层较大。螺层有较强的纵肋及细的螺肋，在体螺层上纵肋11条，纵肋和螺肋相互交叉形成结节突起。壳口卵圆形。外唇宽厚，内缘具大小不等的粒状小齿；内唇弧形，滑层稍厚，前部唇遮盖脐部。前水沟短。厣角质。

生活习性及地理分布 常栖息于潮间带及潮下带的泥沙质海域。我国渤海、黄海和东海均有分布，中国特有种。

大连市内夏家河子，旅顺口区，庄河市有分布。

大连沿海首次记录种。

注：同物异名为*Hima tchangsii* Yen, 1936。

087. 胆形织纹螺

　　学名 *Nassarius pullus*（Linnaeus, 1785）

　　形态特征　壳长15～20mm。壳呈胆形。壳质坚实。壳表呈灰褐色，体螺层常有2条宽的紫褐色螺带。螺层约6层，缝合线明显。螺旋部短而粗，呈圆锥形，体螺层膨大。壳口较小，近卵圆形。外唇厚，内缘具数个小齿；内唇滑层极扩张，覆盖体螺层腹面。厣角质。

　　生活习性及地理分布　广分布种。常栖息于潮间带的泥质或泥沙质海滩，喜聚集成群。我国沿海均有分布；印–太海域也有分布。

　　大连市长海县各岛有分布。

　　黄海首次报道，大连沿海首次报道。

　　注：自然群体分布于浙江以南的海域，大连沿海分布的群体可能是由于蛤仔苗种带入。

088. 不洁织纹螺

学名 *Nassarius multigranosus*（Dunker, 1847）

形态特征 壳长10~13mm。壳呈卵圆形，壳质坚实。壳面淡黄色，表面有粗细近等的纵肋和螺肋，两者交织点形成颗粒凸起。螺层约7层，缝合线较深、细沟状，各螺层较膨圆。螺旋部较低，体螺层较膨大。在每一螺层的缝合线处有1条、体螺层有2条细的红褐色螺带。壳口卵圆形，内面黄白色，前后沟处为红褐色。外唇薄，内缘具齿；内唇弧形，轴唇上具有粒状齿4枚。前沟短，略扭曲，呈缺刻状。厣角质。

生活习性及地理分布 常栖息于潮间带至潮下带水深20m的沙质和沙砾质海底。我国仅发现于大连沿海，较少见；朝鲜半岛和日本等地也有分布。

大连市长海县獐子岛有分布。

衲螺科（Cancellariidae Forbes & Hanley, 1851）

金刚螺属（*Cancellaria* Iredale, 1929）

089. 金刚螺

学名 *Cancellaria spengleriana* Deshayes, 1830

形态特征 壳长50～60mm。壳呈卵圆形。壳质结实。壳表较粗糙，黄褐色或淡褐色，具有不均匀的紫褐色斑块，体螺层中部有1条白色的螺带。螺层约7层，缝合线浅，呈波纹状。螺旋部呈圆锥形，体螺层膨大。壳口卵圆形，内面淡杏黄色。外唇弧形，边缘较薄，内缘具小齿。轴唇具有3个肋状的褶襞，假脐部分被滑层遮盖，绷带发达。前沟短。无厣。

生活习性及地理分布 广分布种。常栖息于潮间带的泥沙质海底。我国沿海有分布；印-太海域也有分布。

大连市内夏家河子，旅顺口区，长海县各岛，庄河市有分布。

三角螺属（*Trigonostoma* Iredale, 1936）

090. 白带三角口螺

学名 *Trigonostoma scalariformis*（Lamarck, 1822）

形态特征 壳长20~25mm。壳近锥形或长卵圆形。壳质结实。壳表呈黄褐色，肩部和底部为灰白色，体螺层中部有1条白色螺带。螺层约6层，缝合线明显。螺旋部呈圆锥形，体螺层大，各螺层呈阶梯状排列。壳口小，近三角形，内面白色和褐色混杂，内缘具小齿。外唇向外扩张；内唇较直，中部有3个发达的褶襞。脐孔被内唇滑层遮盖。无厣。

生活习性及地理分布 广分布种。常栖息于潮下带的软泥质或泥沙质海底。我国沿海均有分布；西太平洋沿岸也有分布。

大连市旅顺口区，金州区，庄河市有分布。

塔螺科 [Turridae H. & A. Adams, 1853（1838）]

拟腹螺属（*Pseudoetrema* Oyama, 1958）

091. 拟腹螺

学名 *Pseudoetrema fortilirata*（Smith, 1879）

形态特征 小型种类。壳长10~12mm。壳细长，近塔形。壳呈淡黄色。螺层约12层，缝合线细。螺旋部高，体螺层低。壳顶1~3层光滑，第2层中央具一细的龙骨突起，其余壳面具稍斜的纵肋和强弱不同的细螺肋。纵肋在体螺层约10条，较强的约5条，通常有细的间肋，较强螺肋与纵肋形成结节突起。壳口窄，内面黄褐色。外唇薄，接近后端具稍深缺刻；内唇薄。无脐孔。前沟短，微曲。

生活习性及地理分布 常栖息于潮下带的浅海。我国渤海和黄海有分布；日本也有分布。

大连市内夏家河子，庄河市有分布。

大连沿海首次记录种。

小腹螺属（*Etremopa* Hedley, 1918）

092. 亚耳克拉螺

学名 *Etremopa subauriformis*（Smith, 1879）

形态特征 小型种类。壳长8~10mm。壳呈长锥形。壳质结实。壳表呈黄白色，在缝合线下有1条褐色螺带。螺层约9层，缝合线深。螺旋部略高于体螺层，各螺层的缝合线下部形成弱的肩角，壳面由于纵肋和螺肋相交叉形成细小的粒状突起。壳口窄长。外唇厚，近后端有1个较深的缺刻，内缘具粒状小齿；内唇薄，轴唇具小结节，褐色。无脐。前沟短。

生活习性及地理分布 常栖息于潮下带的软泥质或泥沙质海底。我国渤海和黄海有分布，长江口外也有发现；朝鲜半岛和日本也有分布。

大连市内夏家河子有分布。

大连沿海首次记录种。

古若塔螺属（*Guraleus* Hedley, 1919）

093. 肋古若塔螺

学名 *Guraleus deshayesii*（Dunker, 1860 ）

形态特征 壳长8 ~ 12mm。壳呈纺锤形。壳质结实。螺层约6层，略膨圆，缝合线较深。壳表呈白色或黄白色，缝合线下有1条细的褐色螺带，螺带在体螺层为2条，较明显。壳口窄长。外唇厚，近后端有1个较浅的缺刻；内唇略厚，紧贴轴唇上。无脐。前沟短。

生活习性及地理分布 广分布种。常栖息于潮下带的软泥质或泥沙质海底。我国沿海均有分布；日本也有分布。

大连市内夏家河子有分布。

大连沿海首次记录种。

裁判螺属（*Inquisitor* Hedley, 1918）

094. 杰氏裁判螺

学名 *Inquisitor jeffreysii*（Smith, 1875）

形态特征 壳长45～52mm。壳呈尖塔形。壳质结实。壳面黄白色。螺层约13层，缝合线明显。壳顶尖，螺旋部塔形；体螺层中部膨圆，前部收缩。具纵走褐色细的线纹和斑点，体螺层具约13条纵肋。壳口长形，内面淡褐色或白色。外唇薄，弧形；内唇较厚，近后端具一结节突起。前沟略延长，前端稍扭曲。无脐。厣角质，叶状，褐色，少旋，核位于下端。

生活习性及地理分布 广分布种。常栖息于潮下带的软泥质或泥沙质海底。我国沿海均有分布；日本也有分布。

大连市金州区，庄河市有分布。

095. 假主棒螺

学名 *Inquisitor latifasciata*（Sowerby, 1870）

形态特征 壳长25～30mm。壳近纺锤形。壳质结实。壳呈黄褐色。螺层约13层，缝合线明显，中部略膨圆。螺旋部尖塔形；体螺层中部膨大，前端收缩。壳表具白色螺带，体螺层有16～19条纵肋，肋间具细的螺线。壳口长，前端窄。外唇薄；内唇较厚，贴于轴唇上。前沟短，前端略扭曲，截形。无脐。厣角质，黄褐色，少旋，核位于下端。

生活习性及地理分布 广分布种。常栖息于潮下带的沙质或泥沙质海底。我国沿海均有分布；日本也有分布。

大连市内老虎滩、小平岛有分布。

蕾螺属（*Gemmula* Weinkauff, 1875）

096. 细肋蕾螺

学名 *Gemmula deshayesii*（Doumet, 1839）

形态特征 壳长55～65mm。壳呈塔形或花蕾形。壳质结实。壳表呈黄褐色。螺层约14层，缝合线细而明显。螺旋部呈尖塔形；体螺层中部膨起，前部收缩。各螺层中部有2条螺肋，生长纹细密。壳口卵圆形，内面白色。外唇薄，易破损；内唇薄，轴唇略扭曲。前沟延长，呈半管状。厣角质，洋梨形，褐色，少旋，核位于下端。

生活习性及地理分布 广分布种。常栖息于潮下带的软泥质或泥沙质海底。我国沿海均有分布；朝鲜半岛和日本也有分布。

大连市内老虎滩、小平岛有分布。

尖肋螺属（*Tomopleura* Casey, 1904）

097. 尼威塔螺

学名 *Tomopleura nivea*（Philippi, 1851）

形态特征 小型种类。壳长10～15mm。壳呈尖塔形。壳表浅褐色。螺层约7层，缝合线明显。螺顶1～2层光滑，其他螺层分有细密的螺肋和均匀的纵肋。螺旋部高，各螺层中部膨胀。壳口长卵圆形，内面浅褐色，前端有缺刻，后沟不明显。

生活习性及地理分布 常栖息于潮下带的泥沙质海底。我国渤海和黄海有分布；日本也有分布。大连市内夏家河子和庄河市有分布。

我国沿海首次报道。

笋螺科（Terebridae Mörch, 1852）

笋螺属（*Terebra* Bruguière, 1789）

098. 朝鲜笋螺

学名 *Terebra koreana* Yoo, 1976

形态特征 壳长70～80mm。壳呈尖锥形。壳质结实。壳表淡紫色，各螺层底部有1条白色螺带。螺层约14层，缝合线浅。螺旋部高塔形，体螺层低，中部稍膨胀。每一螺层上部都有1条细的螺沟，体螺层基部具有3～5条近串珠状细的螺肋。壳口长，内面紫色，具白色色带。外唇薄，具淡褐色镶边；内唇稍厚，绷带发达。前沟短，呈缺刻状，扭曲。厣角质，洋梨形，少旋，核在下端。

生活习性及地理分布 北方常见种。常栖息于潮间带和潮下带的沙质或泥沙质海底。我国渤海、黄海、东海有分布；朝鲜半岛和日本也有分布。

大连市庄河市有分布。

099. 粒笋螺

    学名   *Terebra pereoa* Nomura, 1935

    形态特征   壳长15～20mm。壳呈尖塔形。壳质结实。壳表淡褐色，缝合线下有一条白色的螺带。螺层约13层，缝合线细、突出。螺旋部甚高，体螺层低矮。各层具有稍曲折的纵肋，每一螺层的中部和下方近缝合线处各有1条珠粒状螺肋，体螺层的基部有1条细的螺沟。壳口小，具白色螺带。外唇薄；内唇稍厚，褐色；前沟短，稍曲。厣角质。

    生活习性及地理分布   常栖息于潮间带和潮下带的沙质或泥沙质海底。我国渤海、黄海、东海有分布，数量较少；日本也有分布。

    大连市旅顺口区，庄河市有分布。

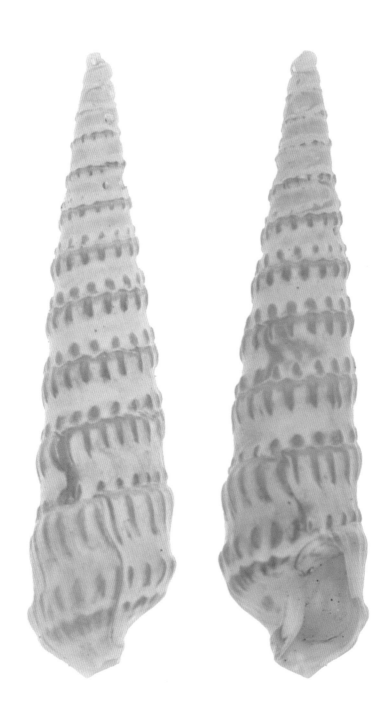

100. 环沟笋螺

学名 *Terebra bifrons* Hinds, 1844

形态特征 壳长30～40mm。壳呈尖锥形。壳质结实。壳表呈褐色或黄褐色，缝合线上有1条白色螺带。螺层约13层，缝合线细沟状。螺旋部高；体螺层低，略膨大。壳口呈长卵圆形，内具白色色带。外唇薄，常破损；内唇稍厚，贴于轴唇上。无脐孔。前沟短，稍向背方扭曲。厣角质。

生活习性及地理分布 北方种。常栖息于潮间带或潮下带的沙质海底。我国渤海和黄海有分布。大连市内双台沟、夏家河子有分布。

101. 泰勒笋螺

学名 *Terebra taylori* Reeve, 1860

形态特征 壳长20～30mm。壳呈尖锥形。壳质结实。壳表呈褐色，缝合线上下有1条白色螺带。螺层约14层，缝合线略深。螺旋部高，尖塔形；体螺层较低，中部略膨胀。体螺层具有19～21条纵肋。壳口呈卵圆形，内面紫褐色，具白色色带。外唇薄，具黄褐色镶边；内唇略厚，白色。前沟短，略扭曲。靥角质，黄色，透明，少旋，核近下端内侧。

生活习性及地理分布 常栖息于潮间带的沙质海底。我国渤海和黄海沿岸较常见，向南可到福建沿岸，但数量较少。

大连市内夏家河子有分布。

大连沿海首次报道。

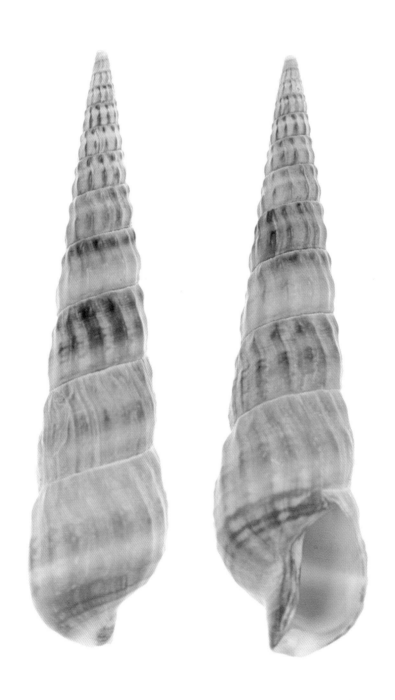

102. 小笋螺

学名 *Terebra tantilla*（Smith, 1873）

形态特征 小型种类。壳长6~8mm。壳呈尖锥形。壳质稍薄。壳表呈浅黄褐色。螺层约9层，缝合线清晰。螺旋部高，螺层略膨胀，壳顶圆钝。各螺层位于缝合线的位置有1条紫红色的条带，螺层上遍布间隔均匀的纵肋。壳口圆形，内面灰白色。外唇薄，易破损；内唇厚，略扭曲。前水管宽短，缺刻状。

生活习性及地理分布 栖息于潮下带浅海的软泥或泥沙海底。我国黄海中部有分布；日本沿海也有报道。印–太海域有分布。

作者于大连市内夏家河子发现3枚空壳，为大连沿海首次报道。

梯螺科（Epitoniidae Berry, 1910）

梯螺属（*Epitonium* Röding, 1798）

103. 小梯螺

学名 *Epitonium scalare minor* Grabau & King, 1928

形态特征 壳长10～15mm。壳呈卵圆形。壳质薄而结实。壳表洁白。螺层约5层，缝合线深，螺层膨圆。螺旋部呈圆锥形，体螺层膨大。体螺层有11～14条较发达呈片状的纵肋。壳口近圆形。外唇周缘较宽，向外翻卷；内唇厚，遮盖部分脐孔。脐深。厣角质，黄褐色，薄，半透明，核位于内侧中部靠下方。

生活习性及地理分布 中国特有种。常栖息于潮下带的泥沙质海底。我国沿海有分布，主要分布于北方沿海。

大连市内夏家河子，长海县广鹿岛有分布。

大连沿海首次报道。

104. 尖光梯螺

学名 *Epitonium stigmaticum*（Pilsbry, 1911）

形态特征 壳长15～20mm。壳呈长锥形。壳质薄而坚。壳表呈黄白色，有褐色斑带。螺层约10层，缝合线深，螺层膨圆。螺旋部高，体螺层低。顶部两层壳体光滑，其余螺层具稀疏的斜行精致细肋，纵肋在体螺层为8～10条。壳口近圆形；周缘加厚、白色，向外翻卷。脐孔被内唇遮盖。厣角质，黄褐色，薄，半透明，核位于内侧中部靠下方。

生活习性及地理分布 北方种。常栖息于潮下带的沙质或泥沙质海底。我国渤海和黄海有分布；日本也有分布。

大连市内夏家河子有分布。

大连沿海首次记录种。

105. 贵重梯螺

学名 *Epitonium eximiella*（Masahito, Kuroda & Habe, 1971）

形态特征 壳长8~10mm。壳呈长锥形。壳质薄而结实。壳表呈白色，有的个体壳后部呈淡黄褐色。螺层约12层，缝合线深，螺层膨圆。壳顶呈浅粉色乳头状，螺旋部高，体螺层较低。纵肋在体螺层上约13条，纵肋间有螺线。壳口近圆形，周缘厚，向外翻卷，其上部有一突起，下部微凸出。脐孔被内唇遮盖。未见厣。

生活习性及地理分布 常栖息于潮间带和潮下带的细沙质海底。我国渤海和黄海有分布；日本也有分布。

大连市内大黑石、夏家河子有分布。

大连沿海首次报道。

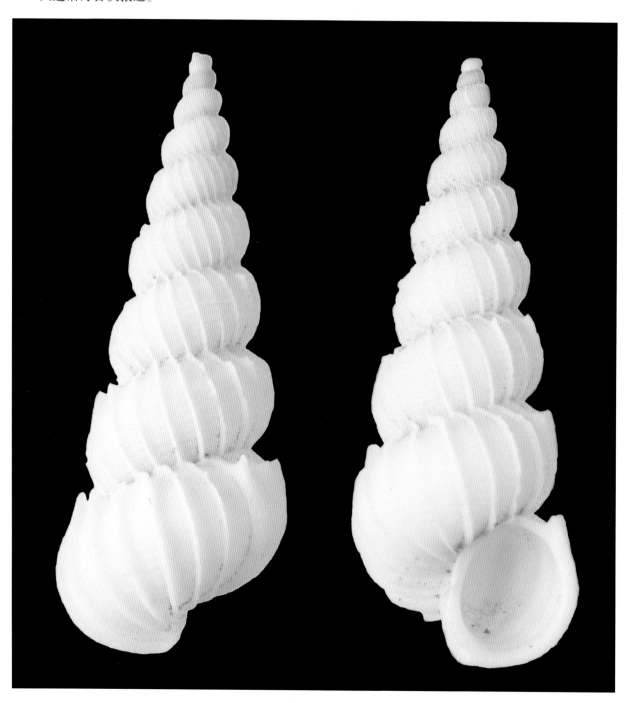

106. 耳梯螺

学名 *Epitonium auritum*（Sowerby, 1844）

形态特征 壳长15～20mm。壳呈长锥形。壳质薄而结实。壳面白色或淡褐色，具褐色螺带，体螺层一般3条。螺层约8层，缝合线深，螺层膨圆。螺旋部高，体螺层较低。壳表具精致而细的片状纵肋，纵肋在体螺层有9～12条，通常以10条者较多。壳口近圆形，周缘加厚，并向外翻卷。脐孔几乎被体螺层的片状肋所掩盖，不明显。

生活习性及地理分布 广分布种。常栖息于潮间带和潮下带的沙质海底。我国沿海均有分布；日本也有分布。

大连市内大黑石和夏家河子有分布。

大连沿海首次记录种。

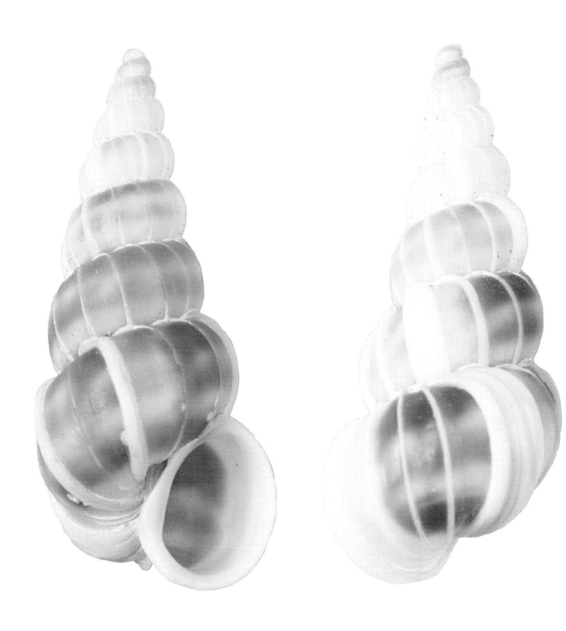

107. 宽带梯螺

学名　*Epitonium clementinum*（Grateloup, 1940）

形态特征　壳长10～15mm。壳呈圆锥形。壳质薄脆。壳表呈黄白色，具有比较宽的褐色螺带，螺带在体螺层上有3条。生长纹明显。螺层约6层，缝合线深，螺层膨圆。螺旋部的螺层宽度增长较均匀，至体螺层突然扩张。壳口呈卵圆形，完整，边缘较薄。脐孔深，部分被内唇遮盖。厣角质，褐色，核位于中部内侧。

生活习性及地理分布　广分布种。常栖息于潮下带的沙质或泥沙质海底。我国渤海和黄海有分布；日本和印度也有分布。

大连市内夏家河子有分布。

大连沿海首次记录种。

108. 罗毕梯螺

学名 *Epitonium robillardi*（Sowerby, 1894）

形态特征 小型种类。壳长5~6mm。壳呈圆锥形。壳质薄，近透明。壳表灰白色。螺层约6层，缝合线深，螺层膨圆。壳顶尖，螺旋部呈圆锥形，体螺层膨大。螺层有低而薄的片状纵肋，纵肋在体螺层约21条。壳口大，近圆形，完整。脐孔部分被内唇遮盖。

生活习性及地理分布 常栖息于潮下带的细沙质浅海海底。我国渤海和黄海有分布；日本也有分布。

大连市内夏家河子有分布。

大连沿海首次报道。

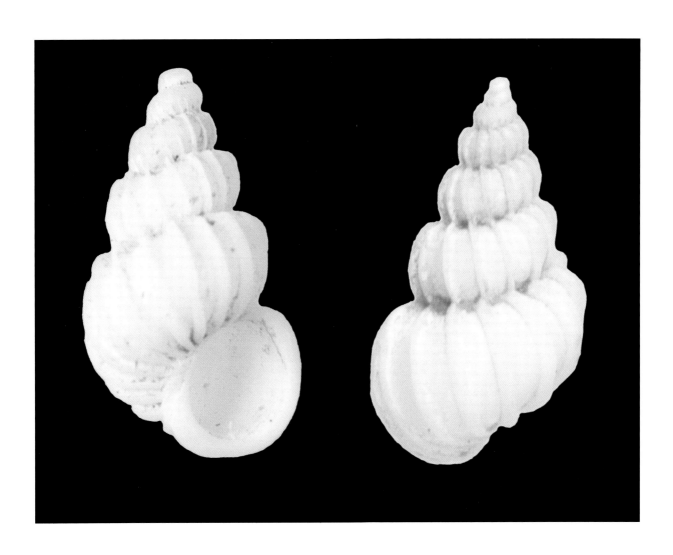

109.纯洁梯螺

学名 *Epitonium castum*（A. Adams, 1873）

形态特征 壳长8~10mm。壳呈圆锥形。壳质薄，结实。壳表呈白色。螺层约8层，缝合线深，螺层膨圆。螺旋部高，体螺层低。壳顶光滑无肋，其余壳表具有比较强呈片状的纵肋，纵肋在缝合线附近形成明显的肩角，纵肋在体螺层有11~13条。壳口近圆形，完整，周缘厚，向外翻卷。脐孔被内唇遮盖。

生活习性及地理分布 常栖息于潮间带岩石藻类生长的底部和潮下带60余米水深的海底。我国沿海均有分布；日本也有分布。

大连市内大黑石和夏家河子有分布。

110. 不规逆梯螺

学名 *Cirratiscala irregularis*（Sowerby, 1844）

形态特征 壳长8～10mm。壳近塔形，壳质较薄。壳表呈白色。螺层约9层，缝合线深，螺层膨圆。螺旋部呈高塔形，体螺层膨圆。壳顶乳头状，光滑，其余壳面有高低、距离不规则纵走薄片状的纵肋，纵肋在体螺层上约30条。壳口近圆形，完整，边缘略向外翻卷。具脐孔。未见厣。

生活习性及地理分布 不常见种。常栖息于潮下带软泥质的海底。我国渤海有分布，数量少；印-太海域也有分布。

大连市内夏家河子有分布。

大连沿海首次报道。

注：分类有争议。

阿玛螺属（*Amaea* H. & A. Adams, 1853）

111. 习氏阿玛螺

学名　*Amaea thielei*（de Boury, 1913）

形态特征　壳长28~33mm。壳呈长锥形。壳质薄。壳表灰白色。螺层约14层，缝合线深，螺层膨圆。螺旋部高，体螺层低。壳面具有距离不等而细密的纵肋，每一螺层有细的螺线，螺线同纵肋交叉形成方格状，螺线在体螺层上有7~11条。壳口近圆形。外唇厚，并向外翻卷；内唇滑层厚，遮盖脐孔，白色。厣角质，黄褐色，半透明，核位于内侧中部靠下。

生活习性及地理分布　常栖息于潮下带的软泥质海底。我国渤海、黄海和东海有分布；印-太海域也有分布。

大连市内大黑石和夏家河子有分布。

112. 尖高阿玛螺

学名　*Amaea acuminata*（Sowerby, 1844）

形态特征　壳长35～40mm。壳呈长锥形。壳质薄，常破损。壳表为淡黄褐色。螺层约15层，缝合线细而明显。螺旋部很高，体螺层低。壳面有略呈波状、距离不均匀而光滑的细纵肋，纵肋在体螺层约39条，并有不明显的螺旋沟纹，在体螺层基部具有一较明显而细的螺旋肋。壳口卵圆形。外唇边缘薄，常破损；内唇滑层稍厚，白色。无脐孔。厣角质，黄褐色，半透明，核位于内侧的下部。

生活习性及地理分布　广分布种。常栖息于潮下带的泥沙质和软泥质海底。我国沿海均有分布；印–太海域也有分布。

大连市旅顺口区和庄河市有分布。

小塔螺科（Pyramidellidae Gray, 1840）

捻塔螺属（*Monotygma* Sowerby, 1893）

113. 高塔捻塔螺

学名 *Monotygma eximia*（Lischke, 1872）

形态特征 小型种类。壳长15～20mm。壳呈长锥形。壳质略厚。壳表呈白色，覆盖有黑褐色壳皮。螺层约10层，缝合线沟状。螺旋部高，体螺层大。壳面具螺旋肋，在体螺层约20条，其余各层7～8条，肋间距近似。壳口卵圆形。外唇薄，有肋纹缺刻；内唇稍向外翻，在壳口处有一弱褶。厣卵形，革质，黄色，少旋型。

生活习性及地理分布 广分布种。常栖息于潮间带或潮下带的细沙质海底。我国沿海均有分布；日本也有分布。

大连市旅顺口区和长海县各岛有分布。

大连沿海首次记录种。

114. 拟高捻塔螺

学名 *Monotygma pareximia*（Nomura, 1936）

形态特征 小型种类。壳长10mm左右。壳呈尖塔形，较修长。壳表白色，光滑，略透明。螺层约8层，缝合线深而明显。各螺层上具均匀且明显的螺纹。壳口呈长卵圆形，略外翻。

生活习性及地理分布 栖息于潮间带以下的细沙质海底。我国长江口曾有记录；日本有分布。作者在大连市夏家河子采集到几枚空壳，为渤海海域首次报道。

齿口螺属（*Odostomia* Fleming, 1813）

115. 微角齿口螺

学名 *Odostomia subangulata* A. Adams, 1860

形态特征 小型种类。壳长3~4mm。壳呈长卵形。壳质薄，半透明，结实。壳面灰白色，壳表平滑具光泽。螺层约6层，缝合线清晰、沟状。螺旋部呈高圆锥形，体螺层大，约占壳长的1/2。各螺层膨胀，上下螺层之间呈弱角状。壳口大，呈卵形，无前、后沟。外唇薄，弯曲；内唇有一强褶襞，轴唇厚。无脐孔。

生活习性及地理分布 常栖息于潮间带或潮下带的细沙质海底。我国东海常见种；日本也有分布。大连市旅顺口区和长海县各岛有分布。

大连沿海首次记录种。

116. 淡路齿口螺

学名 *Odostomia* cf. *omaensis* Nomura, 1938

形态特征 小型种类。壳长3～3.5mm。壳呈长卵形。壳面灰白色。壳质薄，半透明，有光泽。螺层约4层，缝合线浅。螺旋部呈圆锥形，壳顶尖圆，各螺层稍膨胀。体螺层大，约占壳长的3/5。壳口大，无前后沟。外唇薄，内唇有褶襞。脐孔呈狭缝状。

生活习性及地理分布 栖息于潮间带或潮下带。我国东海有分布；日本也有分布。

大连市内夏家河子有分布。

大连沿海首次记录种。

腰带螺属（*Cingulina* A. Adams, 1860）

117. 腰带螺

学名 *Cingulina cingulata*（Dunker, 1860）

形态特征 小型种类。壳长7~8mm。壳呈细长锥形。壳质坚固。壳面呈白色，半透明。壳表有发达的螺旋状螺肋。螺层约11层，缝合线不明显。各螺层略膨胀，体螺层小。壳口呈卵圆形。壳底部有数条螺旋肋。外唇有肋状雕刻；内唇较直，轴唇有一弱褶襞。无脐孔。

生活习性及地理分布 广分布种。常栖息于潮间带或潮下带的细沙质海底。我国沿海均有分布；日本也有分布。

大连市旅顺口区，长海县各岛有分布。

大连沿海首次记录种。

锥形螺属（*Turbonilla* Risso, 1826）

118. 哑金螺

学名 *Turbonilla mumia*（A. Adams, 1861）

形态特征 小型种类。壳长约3mm。壳呈圆锥形。壳质略坚实。壳呈乳白色。壳表有稍斜的纵肋和细螺旋沟，螺旋沟在肋间更明显，基部纵肋消失。螺层6～7层，缝合线深，各螺层略膨胀。螺旋部呈短圆锥形，胚壳明显，呈圆球形；体螺层大，约占壳长的1/2。壳口较小，呈卵形。外唇薄易损；内唇厚，轴唇厚，有一褶襞。

生活习性及地理分布 栖息于潮间带至潮下带的浅水区浅沙质海底。我国渤海、黄海及东海有分布；日本也有分布。

作者在大连市内夏家河子滩涂上发现一些空壳，为大连沿海首次报道。

119. 黑田塔螺

学名 *Turbonilla kurodai* Nornura, 1936

形态特征 小型种类。壳长5～8mm。壳呈尖锥形。壳呈乳白色。螺层约15层，缝合线深。壳顶圆钝，螺旋部高，体螺层低。各螺层微膨胀，分布有均匀的较强纵肋，略向左边倾斜。壳口较小，呈卵形。外唇薄，内唇在螺轴处加厚。无脐孔。

生活习性及地理分布 栖息于潮下带的泥沙质海底。日本有分布。

作者在大连市旅顺口区小黑石滩涂上发现一些空壳，为我国沿海首次记录种。

120. 木户锥形螺

学名 *Turbonilla kidoensis*（Yokouyama, 1922）

形态特征 小型种类。壳长6~8mm。壳呈尖锥形。壳质较薄，半透明。壳呈白色。螺层约13层，缝合线深而明显。螺旋部高，体螺层低。各螺层膨胀，上具密集纵肋斜向下方，在脐部终止。壳口卵圆形。外唇薄；内唇直，边缘略向外卷。本种与黑田塔螺形态相近，但各螺层比黑田塔螺更膨胀。

生活习性及地理分布 不常见种。栖息于潮下带至水深150m的细沙质海底。张素萍等报道，在青岛薛家岛有分布；日本也有分布。

大连市内夏家河子有分布。

辽宁沿海首次记录种。

121. 米拉娜塔螺

学名 *Turbonilla miurana* Nomura, 1937

形态特征 小型种类。壳长5~6mm。壳呈尖锥形，较矮短。壳灰白色。螺层约10层，缝合线明显。壳顶圆钝，螺旋部高，体螺层低。各螺层略膨胀，上具分布均匀且密集的明显纵肋。本种与黑田塔螺形态相近，但壳形比黑田塔螺短粗。

生活习性及地理分布 栖息于潮下带的细沙质海底。日本有分布。

作者在大连市内夏家河子滩涂上发现一些空壳，为我国沿海首次报道。

拟全螺属（*Paramormula* Nomura, 1939）

122. 帝王塔螺

学名   *Paramormula aulica*（Dall & Bartsch, 1906）

形态特征   小型种类。壳长6～10mm。壳呈尖锥形。壳质较薄，半透明。壳表灰白色，各螺层有2条褐色螺带。螺层约12层，缝合线深。螺旋部高，体螺层低。各螺层较膨胀，有分布均匀的纵肋。壳口圆形，壳内白色。外唇薄；内唇厚，边缘略向外卷。

生活习性及地理分布   栖息于潮下带的泥沙质海底。日本有分布。

作者在大连市内夏家河子滩涂上发现一些空壳，为我国沿海首次报道。

短塔螺属（*Tibersyrnola* Law, 1937）

123. 短塔螺

学名 *Tibersyrnola cinnamomea*（A. Adams, 1863）

形态特征 小型种类。壳长5~7mm。壳呈尖锥形。壳质较厚。壳表深褐色，壳顶淡黄褐色。螺层约11层，缝合线浅。壳顶圆钝，螺旋部高，体螺层低。各螺层较膨胀，分布有均匀的较强纵肋，略向左边倾斜。壳口水滴形，内面乳白色。外唇薄，内唇在螺轴处加厚。无脐孔。

生活习性及地理分布 栖息于潮下带的泥沙质海底。日本有分布。

作者在大连市旅顺口区小黑石滩涂发现一些空壳，为我国沿海首次报道。

棒形螺属（*Bacteridium* Thiele, 1929）

124. 双带棒形螺

学名 *Bacteridium vittatum*（A. Adams, 1861）

形态特征 小型种类。壳长6～7mm。壳呈尖锥形。壳质薄，半透明，有光泽。壳表黄白色，具有细密的波纹状螺纹，与弱的生长纹相交织，螺旋部高，体螺层膨圆。各螺层有2条细的赤褐色螺带。螺层8层，缝合线深，各螺层稍膨胀。壳口小，卵圆形，内面光滑，可见赤褐色色带。外唇薄；内唇稍斜，轴唇在壳口上无明显皱褶。

生活习性及地理分布 栖息于潮下带5～40m的泥沙质海底。我国黄海有分布；日本也有分布。大连市内夏家河子，瓦房店市长兴岛有分布。

方尖螺属（*Tiberia* Monterosato, 1875）

125. 优美方尖塔螺

学名 *Tiberia pulchella*（A. Adams，1854）

形态特征 小型种类。壳长7～10mm。壳呈尖塔形。壳质厚，有光泽。壳呈黄褐色，光滑，仅见生长纹。螺层约9层，缝合线深，在缝合线上有1条褐色色带。螺旋部高；体螺层较大，中部具有弱的肩角。壳内浅黄色，有褐色色带。壳口小，卵圆形。外唇薄；内唇上有2个褶襞，上方较发达，下方极弱。

生活习性及地理分布 栖息于潮下带至50m水深的细沙质海底。我国黄海、东海、海南岛有分布；日本也有分布。

大连市旅顺口区小黑石有分布。

彼格兰螺属（*Pyrgolampros* Sacco, 1892）

126. 平户塔螺

学名 *Pyrgolampros hiradoensis*（Pilsbry, 1904）

形态特征 小型种类。壳长8～10mm。壳呈尖锥形。壳质较薄，结实。壳呈浅灰褐色。螺层约7层，缝合线深而明显。螺旋部高，体螺层低。各螺层较膨胀，上具褐色环带，有多条垂直较强均匀纵肋，纵肋间有细的螺带，在脐部纵肋消失。壳口呈长卵圆形，内面具壳面相应颜色和花纹。外唇薄；内唇直，边缘外翻。

生活习性及地理分布 栖息于潮下带10～60m水深的细沙质海底。日本有分布。

大连市内双台沟，旅顺口区有分布。

我国沿海首次报道。

捻螺科（Acteonidae Orbigny, 1843）

斑捻螺属（*Punctacteon* Kuroda & Habe, 1961）

127. 黑纹斑捻螺

学名 *Punctacteon yamamurae* Habe, 1976

形态特征 小型种类。壳长6～10mm。壳呈长卵圆形。壳质薄，结实。壳面淡黄色或灰白色，有细弱凹点状的螺旋沟。螺层6层，缝合线明显。螺旋部呈低圆锥形，占壳长的1/4；体螺层大，约占壳长的3/4。壳表生长纹明显，有13～18条黑褐色纵条纹。壳口大，上部狭、底部圆。外唇薄，弯曲；内唇具狭而薄滑层，轴唇有1个褶齿。厣薄，革质。

生活习性及地理分布 广分布种。常栖息于潮间带的泥沙质海底。我国沿海均有分布；印–太海域也有分布。

大连市内夏家河子，旅顺口区，瓦房店市，庄河市有分布。

128. 寺町捻螺

学名 *Punctacteon teramachii* Habe, 1950

形态特征 小型种类。壳长6～8mm。壳呈长卵圆形。壳质薄，结实。壳呈灰白色。螺层6层，缝合线明显。螺旋部小，在缝合线下有1条淡褐色色带。体螺层膨大，具纵肋，不明显，与同样不明显的螺肋形成小的点状突起。壳口呈长梨形，壳内为白色。外唇薄，弯曲；内唇具狭而薄滑层，轴唇有较厚的突起。

生活习性及地理分布 常栖息于潮下带的泥沙质海底。日本有分布。

大连市内夏家河子有分布。

我国沿海首次报道。

露齿螺科（Ringiculidae Philippi, 1853）

露齿螺属（*Ringicula* Deshayes, 1838）

129. 耳口露齿螺

学名 *Ringicula doliaris* Gould, 1860

形态特征 小型种类。壳长3～4mm。壳呈长卵圆形。壳质坚厚。壳表白色，体螺层有12～14条螺旋沟。螺层5～6层，缝合线深凹，各螺层膨胀。螺旋部小，钝锥形；体螺层极大。壳口大，上部狭，底部略宽，呈耳形。外唇厚，外侧向背部扭转形成强肋状隆起；内唇厚而宽，轴唇肥大，底部有2个强大的褶齿。无脐。

生活习性及地理分布 广分布种。常栖息于潮间带和潮下带的泥沙质海底。我国沿海均有分布；印-太海域也有分布。

大连市旅顺口区和长海县各岛有分布。

大连沿海首次记录种。

长葡萄螺科（Haminoeidae Pilsbry, 1895）

泥螺属（*Bullacta* Bergh, 1901）

130. 泥螺

学名 *Bullacta exarata*（Philippi, 1848）

形态特征 壳长15~20mm。壳呈卵圆形。壳质薄而脆。略透明，壳表呈白色。壳表有细而密的螺旋沟，被有黄褐色壳皮。生长线明显，有时聚集成肋状。螺层2层，内旋。螺旋部小，体螺层膨大。壳口广阔，全长开口，上部狭窄，底部扩张。外唇薄而简单，上部弯曲，凸出壳顶部，底部圆形；内唇石灰质层狭而薄，轴唇有1个狭小的反褶缘。无厣。

生活习性及地理分布 广分布种。常栖息于潮间带和潮下带的软泥质或泥沙质海底。我国沿海均有分布；朝鲜半岛和日本也有分布。

大连市普兰店区和庄河市有分布。

大连地区俗称泥瘤儿。肉可食，味鲜美。

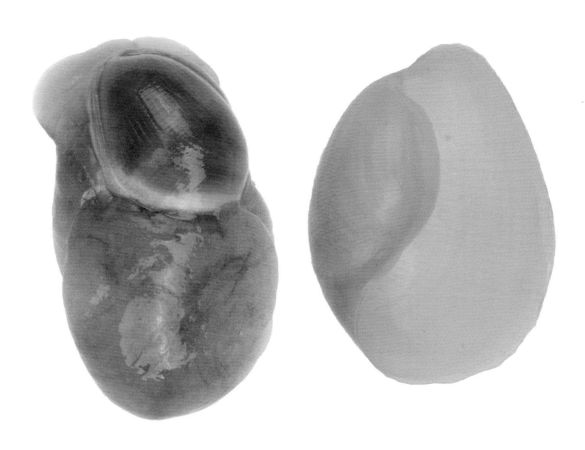

月华螺属（*Haloa* Pilsbry, 1921）

131. 日本月华螺

学名 *Haloa rotundata*（A. Adams, 1850）

形态特征 壳长10～15mm。壳呈卵圆形。壳质薄而脆，半透明。壳表呈淡褐色或黄白色，外常被淡褐色至黄色壳皮。壳表生长纹精细，有细密的波状螺旋沟。螺旋部卷入体螺层内，第一螺层极小，壳顶浅凹，呈斜截断状；体螺层膨胀，占贝壳的全部。缝合线深。壳口狭长。外唇薄，上部凸出壳顶部，底部宽圆；内唇滑层狭而薄。基部有一反褶缘覆盖脐区。

生活习性及地理分布 生活在潮间带礁石海藻间。我国黄海、东海、南海有分布；日本、朝鲜和菲律宾也有分布。

大连市旅顺口区有分布。

大连沿海首次记录种。

囊螺科（Retusidae Thiele, 1925）

梨螺属（*Pyrunculus* Pilsbry, 1895）

132. 碗梨螺

学名 *Pyrunculus phialus*（A. Adams, 1862）

形态特征 小型种类。壳长3～5mm。壳呈长卵圆形。壳质薄而脆，半透明。壳呈白色，大部分光滑具光泽。壳表只在上、下部有几条细的螺旋沟，生长线清楚，在近顶部形似纵褶。螺旋部卷入体螺层内，壳顶有一凹洞；体螺层膨大，为壳全长。壳口狭长，上部狭，凸至壳顶。外唇薄，上下部斜坡圆形；内唇滑层狭而薄，轴唇厚。

生活习性及地理分布 常栖息于潮间带和潮下带的泥沙质海底。我国沿海有分布；日本也有分布。大连市内夏家河子有分布。

渤海海域首次报道。

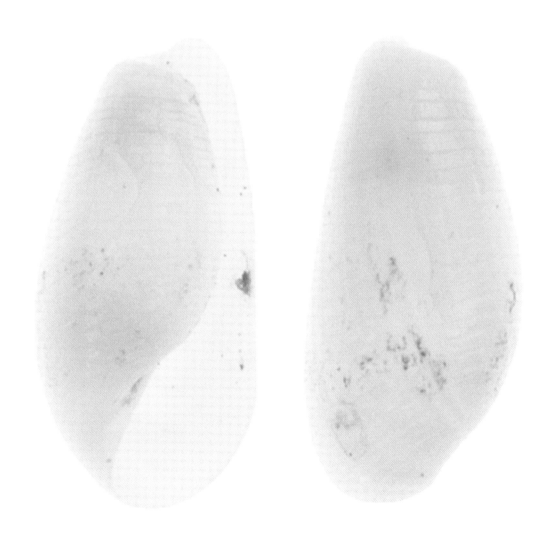

盒螺科（Cylichnidae H. & A. Adams, 1854）

盒螺属（*Cylichna* Lovén, 1846）

133. 内卷盒螺

学名 *Cylichna involuta*（A. Adams, 1850）

形态特征 小型种类。壳长4～5mm。壳呈短圆筒形。壳质薄而脆。壳表呈白色，有细密的螺旋沟，生长线清楚。螺旋部卷入体螺层内；体螺层膨大，为壳全长，肩部有一明显的龙骨。壳口狭，呈线状，底部略扩张。外唇薄，上部略凸出壳顶部，中部直，底部略呈圆形；内唇石灰质层薄而狭，轴唇弯曲，有一褶襞。

生活习性及地理分布 北方常见种。常栖息于潮间带和潮下带的泥沙质海底。我国黄海、东海有分布；日本也有分布。

大连市旅顺口区和庄河市有分布。

大连沿海首次记录种。

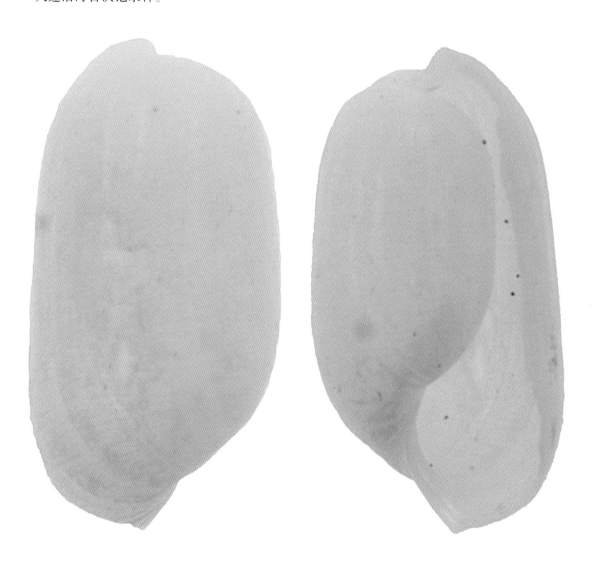

饰孔螺属（*Decorifer* Iredale, 1937）

134. 勋章饰孔螺

学名 *Decorifer insignis*（Pilsbry, 1904）

形态特征 小型种类。壳长3～4mm。壳短呈圆筒形。壳质结实。壳表白色，光滑，半透明。螺层5层，缝合线沟状，明显。螺旋部小，略高，呈圆锥形；体螺层大，呈圆筒状，肩角不明显。壳口开口略宽，呈狭长形，上部狭，底部扩张。外唇薄，上部自肩部下方升起，中部直，底部圆形；内唇薄而狭，轴唇厚，弯曲，无褶襞。

生活习性及地理分布 常栖息于潮间带和潮下带的细沙质海底。我国沿海均有分布；日本也有分布。

大连市普兰店区，庄河市有分布。

大连沿海首次报道。

135. 纵肋饰孔螺

学名 *Decorifer matusimana*（Nomura, 1940）

形态特征 小型种类。壳长3~4mm。壳呈短圆筒形。壳质薄，半透明。壳表呈白色，外被黄褐色壳皮。壳面粗糙，生长线明显，常聚集成襞状，各螺层上呈纵肋状突起，体螺层上突起更明显。螺层5层，缝合线沟状。螺旋部低，呈短圆锥形；体螺层高大，占壳长的大部分，螺层上有斜坡状肩角。壳口小，呈狭长形，上部狭、下部扩张。外唇薄，上部自体螺层的肩部升起，中部略凸，底部圆形；内唇石灰质层厚而宽，轴唇短而厚，没有褶襞。

生活习性及地理分布 常栖息于潮间带和潮下带的细沙质海底。我国沿海均有分布；日本也有分布。

大连市普兰店区，庄河市有分布。

大连沿海首次报道。

壳蛞蝓科（Philinidae Gray, 1850）

壳蛞蝓属（*Philine* Ascanius, 1772）

136. 经氏壳蛞蝓

学名 *Philine kinglipini* Tchang, 1934

形态特征 壳长15~20mm。壳呈长卵圆形。壳质薄而脆。壳表呈白色，半透明，具珍珠光泽，外被有黄白色壳皮，刻有细微的螺旋沟。生长纹明显，有时增厚形成褶壁。螺层2层，螺旋部小，内卷入体螺层内；体螺层大，为壳全长。壳口广大，全长开口。外唇薄，上部突起略突出壳顶，底部圆形；内唇石灰质层薄而宽。

生活习性及地理分布 北方种。常栖息于潮间带和潮下带的泥沙质海底，5~6月交尾产卵，卵带椭圆形，有胶质柄附着于泥沙上。产量大，是滩涂及浅海贝类养殖的敌害，又是底栖鱼类的天然饵料。我国渤海和黄海有分布；朝鲜半岛和日本也有分布。

大连市金州区，长海县各岛，庄河市有分布。

侧鳃科 (Pleurobranchaeidae Pilsbry, 1896)

无壳侧鳃属 (*Pleurobranchaea* Leue, 1813)

137. 斑纹无壳侧鳃

学名 *Pleurobranchaea maculata* (Quoy & Gaimard, 1832)

形态特征 体长50～80mm，宽45～60mm。呈椭圆形。头幕呈扇形，前缘有许多小突起，两前侧隅呈触角状。外套掩盖2/3背部，平滑，前端与头幕愈合，后端与足愈合，两侧游离，右侧缘仅掩盖部分鳃。鳃羽状，位于身体右侧，约占体长的1/3，向后伸出外套后缘。鳃轴有粒状突起，鳃轴的一侧有22～30个鳃叶。肛门位于鳃的直前方。体呈淡黄色，体表有紫色网纹。鳃轴紫黑色，足底深褐色。

生活习性及地理分布 广分布种。常栖息于潮间带和潮下带。我国沿海均有分布，为渤海和黄海常见种；日本、新西兰和澳大利亚也有分布。

大连市内老虎滩、付家庄、小平岛，旅顺口区，金州区，长海县各岛有分布。

扇羽鳃科（Flabellinidae Bergh, 1889）

扇羽鳃属（*Flabellina* Gray, 1833）

138. 纤细盔栓鳃

学名 *Flabellina verrucosa*（M. Sars, 1829）

形态特征 小型种类。体长8～15mm。呈蓑海牛形，头部稍长且狭。除鳃脉外，身体呈绿色至白色，近透明，可见内脏囊。嗅角细长、平滑，指状，其上有白色斑点。口触手长锥形，纤细而光滑，沿其纵轴有分布较密集的白色斑点。2个眼点位于嗅角基部偏后方。鳃凸起呈细长纺锤形，鳃脉橙红色，在背部两侧排列成4～6列，第一列12～14个，第二列10个，向后数目逐渐减少，尖端有白环。

生活习性及地理分布 生活于潮间带的岩石海藻间。我国黄海有分布，目前只在青岛和大连有记录；大西洋、北太平洋至日本海也有分布。

大连市区南部海域有分布。

大连沿海首次记录种。

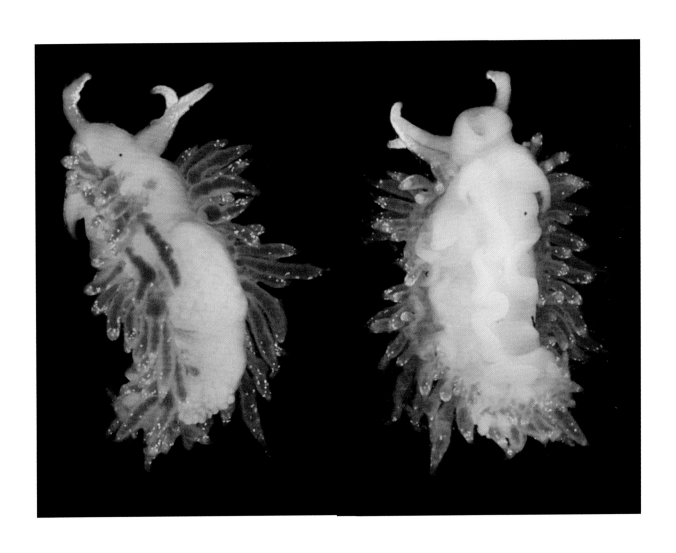

海牛科（Dorididae Rafinesque, 1815）

石磺海牛属（*Homoiodoris* Bergh, 1881）

139. 日本石磺海牛

学名 *Homoiodoris japonica* Bergh, 1881

形态特征 中小型种类。体长20～80mm。呈椭圆形，背中部稍隆起，有大小不等的球状突起，皮肤被覆有骨针。体呈橙黄色，在体背部中隆起呈褐色，有时还有褐色小斑点。嗅角小，细长形。鳃羽状，5～6叶。肛门突起在鳃的直后方，生殖孔在体右侧前方。背突起顶端褐黑色。足底橙黄色。

生活习性及地理分布 广分布种。常栖息于潮间带和潮下带的礁石下。我国沿海均有分布，渤海和黄海常见种；日本也有分布。

大连市内黑石礁、小平岛，旅顺口区，长海县海洋岛有分布。

多角海牛科（Polyceridae Alder & Hancock, 1845）

鬈发海牛属（*Kaloplocamus* Bergh, 1892）

140. 多枝鬈发海牛

学名 *Kaloplocamus ramosus*（Cantraine, 1835）

形态特征 体长20～40mm。呈蛞蝓形，身体呈橙黄色，体表散布许多橙色和白色斑点。头幕半圆形，周缘有8个树枝状突起，体背两侧缘各有4个树枝状突起。口触手小，叶片状。嗅角柄部细长，末端呈乳头状。鳃羽状，位于体背部中央。足后端削尖呈尾。

生活习性及地理分布 广分布种，北方沿海常见种。常栖息于潮间带和潮下带的礁石下。我国渤海和黄海有分布；日本也有分布。

大连市内付家庄、黑石礁有分布。

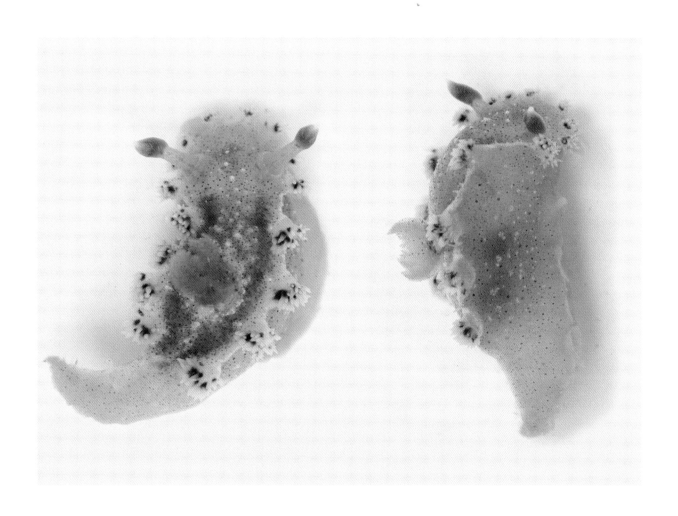

马蹄鳃科（Tergipedidae Bergh, 1889）

马蹄鳃属（*Sakuraeolis* Baba, 1965）

141. 白斑马蹄鳃

学名　*Sakuraeolis enosimensis*（Baba, 1930）

形态特征　体长20mm左右。呈蓑海牛形，身体呈黄白色，表面有淡白色斑点，在背中线上淡白色斑点组成间断的线条。头部、口触手基部、嗅角和足部前端橙黄色；鳃脉呈淡红色或黄褐色，顶端淡白色。口触手细长，呈指状。嗅角较平滑，基部彼此相靠近，呈棒状。眼位于嗅角基部的后方。鳃突起细长形，在背侧两侧排列成6列，第一列约20个，向后减少到只有3个。足狭长，后端尖细。

生活习性及地理分布　黄海常见种。常栖息于潮间带的岩石和海藻间。我国黄海和东海有分布；日本也有分布。

大连市旅顺口区有分布。

菊花螺科（Siphonariidae Gray, 1827）

菊花螺属（*Siphonaria* Sowerby, 1824）

142. 日本菊花螺

学名 *Siphonaria japonica*（Donovan, 1834）

形态特征 壳长15~20mm。壳呈笠状。壳质薄，易破。壳顶位于近中央略靠后。壳表较粗糙，自壳顶向四周放射出许多带皱纹的放射肋，具细的间肋。外被有薄的黄色壳皮，在壳顶周围呈黑褐色，边缘参差不齐。壳内面周缘呈淡紫色，肌痕呈黑褐色，具与壳表放射肋对应的放射沟，右侧水管出入的凹沟较发达，并延伸至肌痕外。

生活习性及地理分布 广分布种。常栖息于潮间带高潮区的岩石上，退潮后很少隐藏，较耐旱。我国沿海均有分布；朝鲜半岛和日本也有分布。

大连市旅顺口区，金州区，长海县各岛，庄河市有分布。

五、掘足纲

（Scaphopoda Bronn，1862）

顶管角贝科（Episiphonidae Chistikov, 1975）

顶管角贝属（*Episiphon* Pilsbry & Sharp, 1897）

143. 胶州湾顶管角贝

学名 *Episiphon kiaochowwanense*（Tchang & Tsi, 1950）

形态特征 壳长15～20mm。壳呈长圆管形，略弯。壳质薄，结实。壳表呈黄白色、淡黄色或橙黄色，光滑无雕刻，生长纹细弱，具不均匀的白色环纹。壳前端较后端粗。前端壳口近圆形，口缘薄，易破损；后端口小，缘厚，从内缘凸出一白色小管，极薄脆，易破损。

生活习性及地理分布 广分布种。常栖息于潮间带和潮下带的细沙质或软泥质海底。我国沿海均有分布。

大连市旅顺口区，金州区，长海县各岛，庄河市有分布。

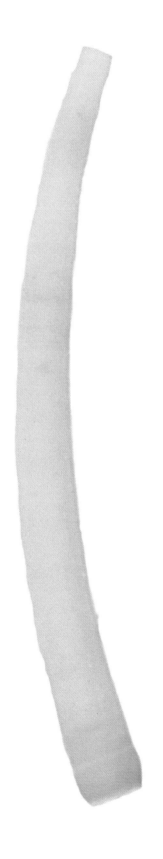

六、双壳纲
（Bivalvia Linnaeus，1758）

胡桃蛤科（Nuculidae Gray, 1824）

真胡桃蛤属（*Ennucula* Iredale, 1931）

144. 日本胡桃蛤

　　学名　*Ennucula niponica*（Smith, 1885）

　　形态特征　壳长11～13mm。壳质脆而薄。两壳相等，侧扁。壳表光滑，具黄绿色壳皮，同心生长线细弱，无放射刻纹。壳的前部长，前端略尖，后部短，末端尖。壳顶低平，位于背部中央之后。小月面细长，周缘下陷，中央隆起；楯面不明显，心脏形。壳内具珍珠光泽，前肌痕半月形，后肌痕长圆形；内腹光滑无齿状缺刻。铰合部较薄，铰合齿细弱，前齿列约有20枚，后齿列约7枚。

　　生活习性及地理分布　深水种，栖息于细沙底。我国黄海和东海有分布；日本也有分布。大连市旅顺口区有分布。

145. 橄榄胡桃蛤

学名　*Ennucula tenuis*（Montagu, 1808）

形态特征　壳长11～14mm。壳质较厚。壳近卵圆形，两壳相等、较膨胀。壳表光滑，具橄榄色或褐色壳皮，同心生长线较粗糙。壳顶突出，位于背部中央之后。小月面不明显；楯面细长，其表面刻纹是壳表生长线的延续。壳内具珍珠光泽，内缘光滑，无齿状缺刻；前肌痕圆铲形，后肌痕长圆形。铰合部粗壮，前齿列约20枚，后齿列约8枚。

生活习性及地理分布　黄海冷水团优势种，栖息在10～94m的软泥底。我国渤海和黄海有分布；北大西洋、北冰洋、太平洋也有分布。

大连市旅顺口区有分布。

指纹蛤属（*Acila* H. & A. Adams, 1858）

146. 奇异指纹蛤

学名 *Acila mirabilis*（Adams & Reeve, 1850）

形态特征 壳型中等大。壳长25～34mm。壳质坚硬，表面被有厚的黄褐色壳皮，具有指纹状、分歧的人字形刻纹。两壳相等，壳前部长，前端圆，后部短，末部突出、较尖。壳顶后倾，位于背部中央之后。无小月面；楯面心脏形，其下周缘下陷，中部隆起。壳内珍珠层厚，内缘前、后部具齿状缺刻。铰合部前齿列23～26枚，后齿列10～11枚。

生活习性及地理分布 广分布种，冷水性种。通常栖息于100m以内的浅海软泥质海底。我国黄海中部有分布；日本北部和俄罗斯远东沿海也有分布。

大连市旅顺口区有分布。

吻状蛤科（Nuculanidae H. & A. Adams, 1858）

吻状蛤属（*Nuculana* Link, 1807）

147. 粗纹吻状蛤

学名 *Nuculana yokoyamai* Kuroda, 1934

形态特征 小型种类。壳长7～11mm。壳质薄。壳表被具黄绿色壳皮，同心生长肋较发达。壳的前部短，前端尖圆，后部延长呈喙状。壳顶低，前倾，位于背部中央之前，自壳顶到后部有2条放射脊。小月面不明显；楯面细长，披针状，表面光滑，无同心肋。壳内面白色，前后肌痕不明显。铰合部前齿列约15枚，后齿列约20枚。

生活习性及地理分布 黄海冷水团优势种，栖息于沙泥底。我国黄海有分布；日本也有分布。大连市旅顺口区有分布。

云母蛤属（*Yoldia* Möller, 1842）

148. 醒目云母蛤

学名 *Yoldia notabilis* Yokoyama, 1922

形态特征 壳型中等大。壳长27～32mm。壳质较脆薄。壳皮黄绿色，有年轮状轮脉；壳表生长线细弱，同时尚有斜形同心线，两者相交。两壳极度侧扁，呈长卵圆形。前端圆，后端尖，微上翘。壳顶低平，小月面不明显，楯面细长，周缘深陷。壳内面灰白色，透过壳可看到表面的刻线。前肌痕桃形；后肌痕横向延长，呈椭圆形。铰合部前齿列24～30枚，后齿列14～18枚。

生活习性及地理分布 冷水性种。栖息于100m之内的软泥质海底，常在底栖肉食鱼类胃内有发现。我国黄海和台湾东北部海域有分布；俄罗斯和日本北部也有分布。

大连市旅顺区口有分布。

蚶科（Arcidae Lamarck, 1809）

蚶属（*Arca* Linnaeus, 1758）

149. 布氏蚶

学名　*Arca boucardi* Jousseaume, 1894

形态特征　壳长45~55mm。壳呈舟形或近牛蹄状，两壳对称。壳质厚。壳表白色，具棕色壳皮及绒毛。壳顶位于近前方约为壳长的1/3处，壳顶部凸。有一放射脊贯穿壳顶到后腹角，放射肋较特殊，在细密的放射肋中前部两肋之间常有一弱的次生肋，有许多次生纤细的放射线位于后部的肋和肋间沟内。腹缘近中央略凹，为足丝裂孔。壳内面白色，后部多呈紫色；前、后闭合肌痕高于壳内面，其上有刻纹。

生活习性及地理分布　广分布种。常栖息于潮间带及潮下带至数十米水深的岩礁和石砾海域，凭借足丝的黏附作用营固着生活，常附着于牡蛎、贻贝等底栖贝壳上。我国沿海均有分布，北方习见种，南方较少；朝鲜半岛和日本也有分布。

大连市内老虎滩、付家庄、小平岛，旅顺口区，长海县各岛有分布。

大连地区俗称羊蹄蛤儿。肉可食，味鲜美。

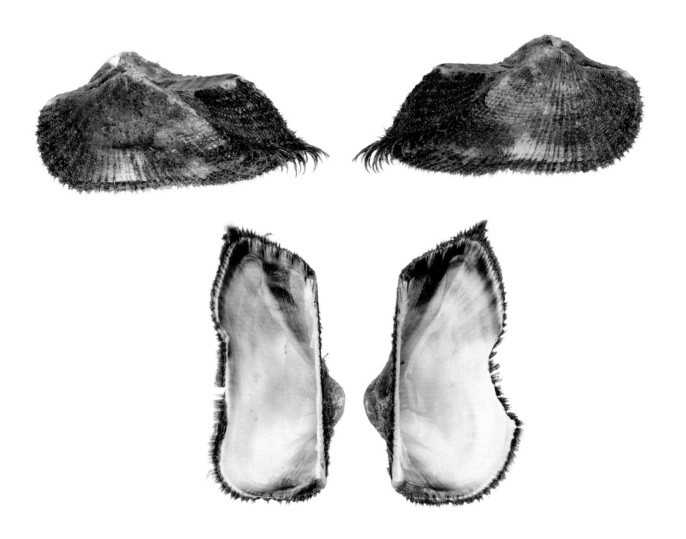

毛蚶属（*Anadara* Gray, 1847）

150. 魁蚶

学名 *Anadara broughtonii*（Schrenck, 1867）

形态特征 大型种类。壳长80～100mm，大者可达130mm以上。壳质厚。壳表白色，被以棕褐色毛状壳皮。壳近卵圆形，前端短圆，后端延伸，末缘呈斜截状。两壳近相等，极膨大，左壳稍大于右壳。壳表具放射肋42条左右，肋间隙中有棕黑色绒毛，其在贝壳的中央稀疏、边缘密集。壳内边缘有明显的锯齿状突起，内壳灰白色，前闭壳肌痕小，后闭壳肌痕大。铰合部的齿细小，排列紧密；韧带面菱形较大。

生活习性及地理分布 北方常见种。常栖息于潮下带的软泥质海底。我国主要分布于渤海和黄海，东海也有分布；朝鲜半岛和日本也有分布。

大连市内大连湾，旅顺口区，长海县各岛，庄河市有分布。

大连地区俗称赤贝、大毛蚬子。肉可食，味鲜美。大连地区已进行人工育苗养殖。

151. 毛蚶

学名 *Anadara kagoshimensis*（Tokunaga, 1906）

形态特征 壳长40～50mm。外部形态与魁蚶相似，等大的毛蚶更为膨大。壳面白色，被棕色毛状壳皮。壳表通常有31～34条规则的放射肋，放射肋数较魁蚶少，略显稀疏。放射肋平，肋间沟有生长刻纹。内壳白色，前闭壳肌痕小，近马蹄形；后闭壳肌痕大，近方形。

生活习性及地理分布 广分布种。常栖息于潮下带的软泥质或沙泥质海底。我国沿海有分布，渤海和黄海产量较大；朝鲜半岛和日本也有分布。

大连市内大连湾，旅顺口区，金州区，长海县各岛，庄河市有分布。

大连地区常见经济贝类，俗称毛蚬子。肉可食，味鲜美。

泥蚶属（*Tegillarca* Iredale, 1939）

152. 泥蚶

学名 *Tegillarca granosa*（Linnaeus, 1758）

形态特征 壳长25～35mm。壳质坚厚。壳近球形、膨胀，两壳对称。壳表灰白色，壳皮棕色、较薄。放射肋16～18条，极强壮，上有显著结节。壳内灰白色，边缘有与壳表放射肋相对应的较强锯齿状突起。铰合部直，铰合齿密集；韧带面较宽。

生活习性及地理分布 广分布种。常栖息于浅海区的泥质海底，河口区分布较多。我国沿海均有分布，北方较少；印–太海域皆有分布。

大连市旅顺口区，金州区，庄河市有分布。

大连地区分布较少，南方俗称血蚶。肉可食，味鲜美。

蚶蜊科（Glycymerididae Dall, 1908）

蚶蜊属（*Glycymeris* de Costa, 1778）

153. 虾夷蚶蜊

学名 *Glycymeris yessoensis*（Sowerby, 1889）

形态特征 壳长30～40mm。壳质较厚。壳呈圆形，两壳对称，边缘无棱角，较圆润。壳面浅棕色，边缘壳皮明显，绒毛状。壳顶尖而突出，位于背部中央。壳表放射肋窄而低平，与细密的同心生长纹相交成横隔。铰合部宽厚，呈弓形，壳顶前铰合齿约15枚，壳顶后约17枚。

生活习性及地理分布 北方种。常栖息于潮下带浅海的沙质海底。我国渤海和黄海有少量分布；朝鲜半岛、日本北部和俄罗斯远东地区均有分布。

大连市金州区，长海县各岛有分布。

贻贝科（Mytilidae Rafinesque, 1815）

贻贝属（*Mytilus* Linnaeus, 1758）

154. 紫贻贝

学名 *Mytilus galloprovincialis* Lamarck, 1819

形态特征 壳长60~70mm，大者可达100mm以上。壳质较薄。壳呈楔形，腹缘略直，背缘弧形。壳表具黑色或黑褐色壳皮，有光泽；壳面平滑无肋，生长纹明显。壳内面灰蓝色，外韧带细长呈褐色。前肌痕极小，位于近壳顶的腹面；后肌痕较大，椭圆形，位于后部近背缘。铰合齿不发达，有2~5枚粒状小齿。足丝孔位于腹面，足丝细且发达、黄色。

生活习性及地理分布 广分布种。常栖息于低潮带至浅海的岩礁质海底，以足丝营附着生活。我国沿海均有分布，北方习见种；太平洋和大西洋也有分布。

大连市内老虎滩、付家庄、小平岛，旅顺口区，金州区，长海县各岛有分布。

大连地区常见经济贝类，俗称海虹。肉可食，味鲜美。干制品称为淡菜。大连地区已进行人工养殖。

155. 厚壳贻贝

学名 *Mytilus coruscus* Gould, 1861

形态特征 壳长120～140mm，大者可达200mm以上。壳质大而厚重。壳呈楔形。壳表具棕黑色壳皮，质地粗糙。壳顶尖，壳背缘弯，腹缘略直，背角明显。壳内面呈浅灰蓝色，肌痕明显。铰合部窄，两壳各有2个不发达的小齿。足丝发达。

生活习性及地理分布 广分布种。常栖息于潮间带和潮下带的岩礁质海底，以足丝附着于浪击带的岩石上生活。我国黄海和东海有分布；朝鲜半岛和日本也有分布。

大连市旅顺口区，金州区，长海县各岛有分布。

大连地区俗称海虹。肉可食，味鲜美。干制品称为淡菜。大连地区已进行人工育苗。

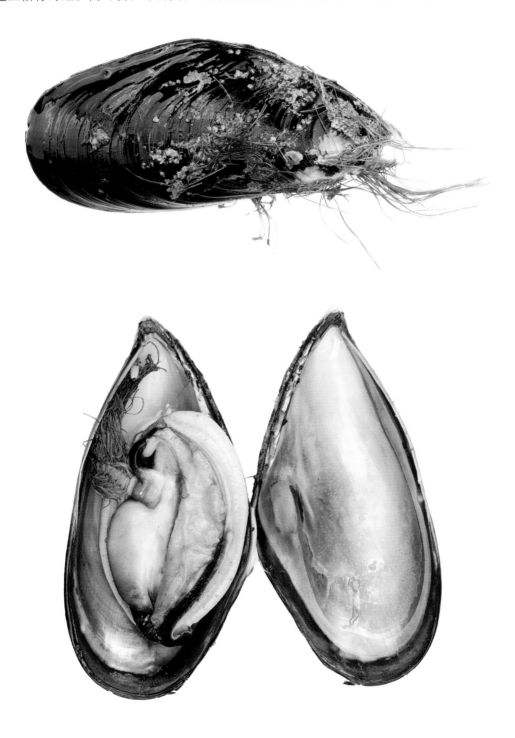

偏顶蛤属（*Modiolus* Lamarck, 1799）

156. 偏顶蛤

学名 *Modiolus modiolus*（Linnaeus, 1758）

形态特征 壳长60～80mm，大者可达100mm以上。壳质薄，较坚硬。壳近长卵圆形。壳表呈棕褐色，隆起肋明显，被浅灰色壳皮，壳皮外具有淡黄褐色壳毛，易脱落。壳顶凸圆，不位于最前端，而是略为偏向背面。壳内面呈浅紫色。前肌痕小，后肌痕大。铰合部无齿，韧带细长。两壳腹面中部的足丝较明显，足丝细弱。

生活习性及地理分布 北方常见种。栖息于潮下带的泥沙质海底，以足丝附着在沙砾或同类壳表生活。我国渤海、黄海有分布；北半球海域皆有分布。

大连市金州区，长海县各岛，庄河市有分布。

大连地区常见经济种，俗称毛海虹。肉可食，味鲜美。

157. 长偏顶蛤

学名　*Modiolus elongatus*（Swainson, 1821）

形态特征　壳长50～60mm。壳质薄。壳近长方形。壳面凸出，具龙骨突起。壳皮呈褐色或深褐色，光滑且有光泽，生长纹细密、明显。壳顶较凸，位于背缘近前端。背缘铰合部直而长，至后端形成明显的钝角。壳后端有丛生壳毛。壳内面呈淡蓝或蓝灰色，韧带细长。足丝位于前腹缘，足丝细软。

生活习性及地理分布　广分布种。栖息于潮下带的泥沙质海底，常以足丝混合泥沙将自身包裹或半埋于泥沙中生活。我国沿海均有分布，大连地区数量较少；印-太海域有分布。

大连市内老虎滩、付家庄、小平岛，金州区，长海县各岛，庄河市有分布。

158. 带偏顶蛤

学名 *Modiolus comptus* Sowerby, 1915

形态特征 壳长35～45mm。壳质厚而坚固。壳略呈斜三角形。壳面膨凸，具有红褐色壳皮，并具有丛生的较长栉状壳毛。壳顶位于前端，壳的前端窄圆、后端宽圆。壳内面呈灰蓝色，韧带细长，肌痕明显。足丝孔位于腹缘中部，足丝细软，较发达。

生活习性及地理分布 广分布种。栖息于潮下带的泥沙质海底，常以足丝混合泥沙将自身包裹或半埋于泥沙中生活。我国沿海均有分布，大连地区数量较少；日本也有分布。

大连市内石槽、老虎滩有分布。

弧蛤属（*Arcuatula* Jousseaume in Lamy, 1919）

159. 凸壳肌蛤

学名 *Arcuatula senhousia*（Benson in Cantor, 1842）

形态特征 壳长15～25mm。壳质薄脆。壳近三角形，两壳膨大。壳表呈褐绿色，具不规则波状花纹，有1条明显隆起，自壳顶至腹缘。壳顶凸圆，近前端。壳的前部小、后部宽大，后背缘的后背角不明显，腹缘中部微内陷。壳内面颜色和花纹与壳表相近，具光泽，肌痕不明显。铰合部直且窄。韧带细长，前后两端各具栉状小齿。足丝细软，极发达。

生活习性及地理分布 广分布种。常栖息于潮间带或潮下带的泥沙质海底，足丝固着沙砾或相互附着，浅埋于泥沙中生活。我国沿海均有分布；太平洋东西沿岸广泛分布。

大连市旅顺口区，金州区，长海县各岛，庄河市有分布。

肌蛤属（*Musculus* Röding, 1798）

160. 云石肌蛤

学名 *Musculus cupreus*（Gould, 1861）

形态特征 壳长4～12mm。壳质薄。壳近三角形，两壳膨大。壳表呈褐绿色，具不规则波状花纹。壳顶钝而突出，近前端。壳的前部短小，前端圆，后部宽大；后背缘凸，后端圆，腹缘微凸。壳内面颜色和花纹与壳表相近，具光泽，肌痕不明显。铰合部无齿；韧带短，位于壳后背缘，褐色。足丝孔不明显，足丝细软。

生活习性及地理分布 广分布种。常栖息于潮间带或潮下带的泥沙质海底，以足丝同泥沙混合筑巢穴居。我国沿海均有分布；日本沿海也有分布。

大连市长海县各岛，庄河市有分布。

荞麦蛤属（*Xenostrobus* Wilson, 1967）

161. 黑荞麦蛤

学名 *Xenostrobus atrata*（Lischke, 1871）

形态特征 壳长10～15mm。壳质较坚厚。壳近三角形。壳表光滑，呈黑色；生长纹细密，较明显。壳顶凸近前端，腹缘略弯。背缘前半部较直，后半部近弧形。壳内面呈灰紫色，肌痕明显。铰合部无齿；韧带长，深褐色，位于壳顶之后的背缘。足丝孔小，位于腹缘内陷处，足丝发达。

生活习性及地理分布 广分布种。常栖息于潮间带的岩礁质海底，多以足丝附着于岩石或牡蛎壳上，营群居生活。我国沿海均有分布；印-太海域皆有分布。

大连市内老虎滩、付家庄、小平岛，旅顺口区，庄河市有分布。

江珧科（Pinnidae Leach, 1819）

江珧属（*Atrina* Gray, 1847）

162. 栉江珧

学名　*Atrina pectinata*（Linnaeus, 1767）

形态特征　大型种类。壳长200～350mm。壳质薄。壳呈三角形，两壳闭合时后端有开口。壳表较凸，呈黑褐色，具细放射肋10条左右，肋上有多个不规则排列的三角形小棘。壳顶尖细，背缘直或中部微凹，后缘宽大。壳内面颜色较浅，前半部珍珠层较厚，近壳缘无珍珠层。铰合部无齿，闭壳肌痕明显。韧带细长，呈褐色。足丝细，极发达。

生活习性及地理分布　广分布种。常栖息于潮下带泥沙质海底。壳顶部插入泥沙中，足丝附着在沙粒上，营附着和半埋栖生活。我国黄海、东海和南海有分布；印-太海域皆有分布。

　　大连市内老虎滩、付家庄、小平岛，金州区，长海县各岛，庄河市有分布。

　　大连地区常见经济种，俗称江珧贝、带子。肉可食，味鲜美。由闭壳肌制成的干制江珧贝柱，是名贵的海珍品。

扇贝科（Pectinidae Rafinesque, 1815）

栉孔扇贝属（*Chlamys* Röding, 1798）

163. 栉孔扇贝

学名 *Chlamys farreri*（Jones & Preston, 1904）

形态特征 壳长70～90mm。壳质坚实。壳呈扇形，两壳略等，两耳不等，前大后小，近三角形。壳表颜色众多，呈浅褐、紫褐、杏红或灰白色等。两壳放射肋数不等（左壳主肋约10条，右壳主肋约20条），主肋间均有数条细小间肋。壳内面呈白色或浅粉色。闭壳肌痕略显，铰合线直，内韧带发达。

生活习性及地理分布 北方常见种。常栖息于潮间带的岩礁质、沙砾质或沙泥质海底。营附着生活，遇不良环境时会自断足丝，营短期游泳生活。我国渤海、黄海和东海有分布；朝鲜半岛和日本也有分布。

大连市内老虎滩、付家庄、小平岛，金州区，长海县各岛有分布。

大连地区常见经济种，俗称扇贝。闭壳肌的干制品称为干贝。肉可食，味鲜美。大连沿海已进行规模化的人工育苗养殖，为栉孔扇贝的主要产区。

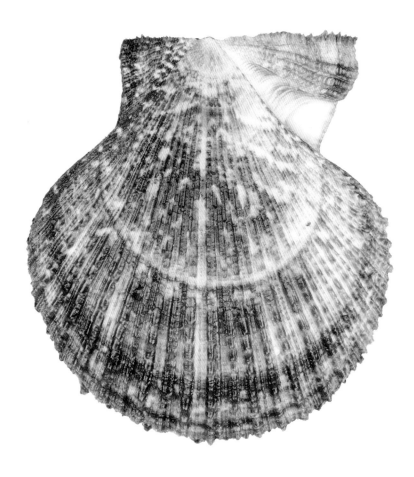

掌扇贝属（*Volachlamys* Iredale, 1939）

164. 平濑掌扇贝

学名　*Volachlamys hirasei*（Bavay, 1904）

形态特征　壳长40～50mm。壳质较厚。壳呈圆扇形，两耳较大、三角形近相等。壳表呈乳白色或土黄色，具不规则褐色或浅红色花斑。放射肋等宽，规则，光滑无棘。放射肋数目有变化，有的个体表面平滑，无放射肋。壳内面白色，闭壳肌痕不明显。足丝不发达。

生活习性及地理分布　北方种。常栖息于潮下带的沙泥质海底，在海底自由生活或以足丝附着生活。我国渤海和黄海有分布；朝鲜半岛和日本也有分布。

大连市金州区，瓦房店市有分布。

盘扇贝属（*Patinopecten* Dall, 1898）

165. 虾夷扇贝

学名 *Patinopecten yessoensis*（Jay, 1857）

形态特征 壳长80～120mm，大者可达200mm以上。壳质较厚。壳呈圆扇形，右壳大于左壳。右壳呈白色，有宽而低平的放射肋；左壳灰褐或红褐色，放射肋较右壳细。壳内面白色，闭壳肌痕大，韧带发达。有足丝孔，无栉齿。

生活习性及地理分布 引进种。常栖息于潮下带的沙质海底，喜风平浪静、水流通畅的内湾。我国于20世纪80年代自日本引进，已形成大规模养殖，是重要的经济贝类。朝鲜半岛和日本有分布。

大连市旅顺口区，长海县各岛大规模增养殖。

海湾扇贝属（*Argopecten* Monterosato, 1889）

166. 海湾扇贝

学名 *Argopecten irradians irradians*（Lamarck, 1819）

形态特征 壳长50～70mm。壳质较厚。壳呈圆扇形，壳面较凸。壳表颜色有变化，一般呈紫褐色、灰褐色或红色，常有紫褐色云状斑。两壳均有放射肋，约18条，肋上有生长小棘。壳内面近白色，闭壳肌痕略显。铰合部直，韧带深褐色。

生活习性及地理分布 引进种。常栖息于潮下带的沙泥质海底。我国于20世纪80年代初自美国引入进行人工养殖，在我国沿岸已大规模养殖。原分布于大西洋沿岸。

大连市金州区，长海县各岛，庄河市已进行大规模养殖。

深海扇贝属（*Placopecten* Verrill, 1897）

167. 大西洋深海扇贝

学名 *Placopecten magellanicus*（Gmelin, 1791）

形态特征 壳长60～80mm，大者可达170mm。壳呈规则圆扇形，壳表和边缘平滑，壳面较平。壳质脆。壳表桃红色，大多有暗色生长纹，具细小而密集的肋。壳内面近白色，闭壳肌大，一般直径可达30～40mm。铰合部细长。

生活习性及地理分布 冷水性种，引进种。常栖息于水深18～110m的沙砾质或礁石海底。我国于2007年自加拿大引入进行人工养殖，现已有一定养殖规模，名贵贝类。原分布于大西洋西北部，北起加拿大的圣劳伦斯湾，南至美国的哈特拉斯角。

大连市长海县各岛已进行规模化养殖。

岩扇贝属（*Crassadoma* Bernard, 1986）

168. 岩扇贝

学名　*Crassadoma gigantea* Gray, 1825

形态特征　壳长150～250mm。壳呈圆扇形，腹缘圆弧形，两壳不等，右壳大于左壳，壳长大于壳高，壳质坚厚。壳顶突出，位于背部稍靠前方。贝壳颜色从红棕色到灰色，取决于扇贝附着的岩石和栖息环境。成年扇贝右壳常固定在石头上而发生变形；左壳表粗糙，凹凸不平，肉眼可见9～18个贝脊。壳内面光滑，呈白色，韧带较粗短，黑褐色。

生活习性及地理分布　引进种。分布范围从美国阿拉斯加至加利福尼亚南部，最南可达墨西哥湾。本种具有较强的环境适应能力，常栖息于潮间带至50m深的海底岩石缝隙里。据报道，岩扇贝最长生长年限达25年。自然状态下，一般2～4年达到性成熟，雌雄异体。2017年，大连海洋大学曹善茂承担的美洲岩扇贝引种项目，获农业部渔业渔政管理局正式复函，批准引进岩扇贝，是我国首次引进该品种。

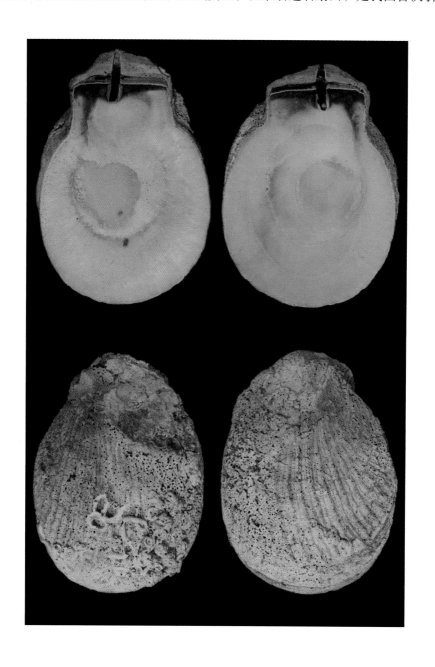

牡蛎科（Ostreidae Rafinesque, 1815）

巨牡蛎属（*Crassostrea* Torigoe, 1981）

169. 长牡蛎

学名 *Crassostrea gigas*（Thunberg, 1793）

形态特征 大型种类。壳长80～110mm，壳高60～350mm，大者壳高可达730mm。壳质坚厚。壳较长，形状不规则。壳顶腔深。左壳略大于右壳，具数条较强的放射肋；右壳表有波状鳞片，呈紫褐色或淡紫色。壳内面呈白色，闭壳肌痕较大，长圆形，紫褐色。韧带槽长。

生活习性及地理分布 广分布种。常栖息于潮间带或潮下带盐度较低的海区，营固着生活。我国沿海均有分布；朝鲜半岛、日本和西太平洋沿岸也有分布。

大连市内老虎滩、付家庄、小平岛，瓦房店市长兴岛，长海县各岛，庄河市有分布。

大连地区常见种，俗称海蛎子。肉可食，味鲜美。

注：本种是我国北部沿海常见种，具有很高的经济价值。人们比较熟悉的太平洋牡蛎和大连湾牡蛎都是本种的同物异名。

170. 近江牡蛎

学名 *Crassostrea ariakensis*（Fujita, 1913）

形态特征 大型种类。壳高100～160mm，大者可达700mm。壳质坚厚。壳呈三角形或长卵圆形。左壳略大于右壳，中凹，上具不规则鳞片层；右壳略平，壳表环生黄褐色或紫色鳞片层，鳞片薄脆。壳内面呈灰白色，边缘呈淡紫色，闭壳肌痕大，半圆形或卵圆形。铰合部无齿。韧带槽深而宽。

生活习性及地理分布 广分布种。常栖息于潮下带浅海区，入海口处分布较多，以左壳的绝大部分固着于岩石或其他物体上。我国沿海均有分布；日本也有分布。

大连市金州区，瓦房店市，长海县各岛，庄河市有分布。

大连地区常见种，俗称海蛎子。肉可食，味鲜美。

牡蛎属（*Ostrea* Linnaeus, 1758）

171. 密鳞牡蛎

学名 *Ostrea denselamellosa* Lischke, 1869

形态特征 壳高80～150mm。壳质坚厚。壳近圆形。左壳略中凹，呈紫褐色或黄褐色等，腹缘环生同心鳞片，放射肋明显；右壳鳞片密集，覆瓦状松散排列，外缘放射肋较显著。壳内面呈白色，壳顶两侧常有5～8枚小齿。韧带槽短，呈三角形，壳顶腔浅。

生活习性及地理分布 广分布种。常栖息于潮下带沙泥质海底，凭借左壳顶部的少部分营固着生活。我国沿海均有分布，20世纪70年代前渤海和黄海习见种，近些年罕见；朝鲜半岛和日本也有分布。

大连市金州区，瓦房店市，长海县各岛，庄河市有分布。

大连地区俗称滚蛎子、板蛎子、麻蛎子。肉可食，生食有麻辣感，熟食味道鲜美。

不等蛤科（Anomiidae Rafinesque, 1815）

不等蛤属（*Anomia* Linnaeus, 1758）

172. 中国不等蛤

学名 *Anomia chinensis* Philippi, 1849

形态特征 壳长35～45mm。壳质较薄。壳近亚圆形，两壳不等，左壳略大于右壳。左壳表呈浅橘红色或金黄色，略显珍珠光泽，放射肋细，同心纹明显，壳缘褶皱状；右壳较平，呈白色或青白色，无放射肋。壳内具珍珠光泽，闭壳肌痕明显，铰合部窄，无齿。

生活习性及地理分布 广分布种。常栖息于潮间带的岩礁质海底，营固着生活。我国沿海均有分布；印-太海域皆有分布。

大连市内老虎滩、付家庄、小平岛，金州区，长海县各岛，庄河市有分布。

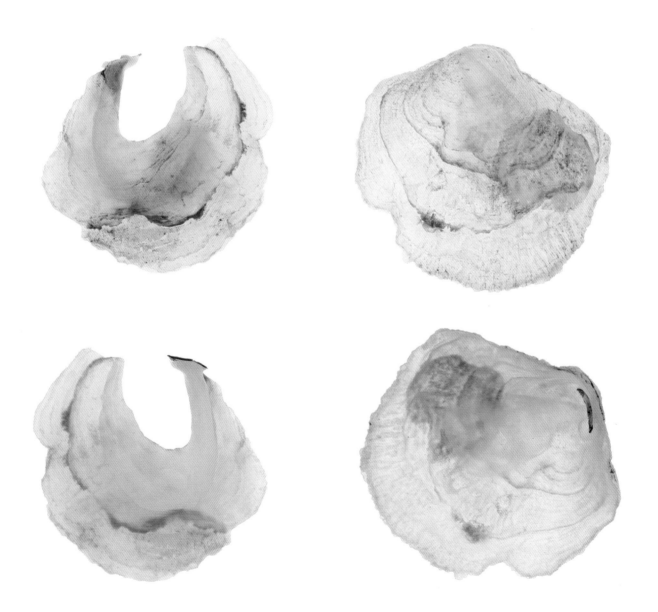

索足蛤科（Thyasiridae Dall, 1900）

索足蛤属（*Thyasira* Lamarck, 1818）

173. 薄壳索足蛤

学名　*Thyasira tokunagai* Kuroda&Habe, 1951

形态特征　小型种类。壳长8~9mm。壳近斧形，壳高大于壳长。壳表被土黄色薄的壳皮，生长线细，不规则。壳顶尖而突出，前倾；壳的前缘略尖，前背缘直；壳的后部具有2个背褶。小月面心脏形，边缘不明显；楯面细长，略凸，是由1个背脊下陷而成，第二个背褶形成了后背区。前肌痕"八"字形，后肌痕长圆形。

生活习性及地理分布　冷水性种。栖息环境的水温为2.7~21.93℃，盐度为30.41~34.40。仅分布在黄海，不进入渤海，向南不越过长江口；日本北海道、九州也有分布。

大连市庄河市有分布。

大连沿海首次记录种。

蹄蛤科（Ungulinidae Gray, 1854）

圆蛤属（*Cycladicama* Valenciennes, 1854）

174. 津知圆蛤

学名　*Cycladicama tsuchii* Yamamoto & Habe, 1961

形态特征　小型种类。壳长8～10mm。壳质较坚厚。壳近圆形，两壳较膨胀。壳表具灰色壳皮，同心纹不规则。壳顶较凸出，前倾，位于背部近中央处；壳的前端圆，后端略呈截形，后背缘有1个不明显的后背角。壳后边常有深色沉积物附着其表面。前肌痕长而宽，后肌痕卵圆形。铰合部宽。

生活习性及地理分布　北方种。常栖息于潮下带的泥沙质海底。我国渤海和黄海有分布；日本也有分布。

大连市内夏家河子，庄河市有分布。

大连沿海首次记录种。

175. 古明圆蛤

学名 *Cycladicama cumingii*（Hanley, 1844）

形态特征 壳长25～32mm。两壳相等，较膨圆，近球形。壳表面有灰褐色壳皮，边缘更深，壳顶部分常脱落。壳顶突出，近前方。壳前部尖、后部扩大，后端圆。壳内灰白色，前肌痕特别细长，后肌痕呈纺锤形。铰合部有主齿2枚。

生活习性及地理分布 常栖息于潮间带中、低潮区的细沙及泥沙质海域，数量少。我国沿海均有分布；朝鲜半岛和日本也有分布。

大连市内夏家河子有分布。

大连沿海首次记录种。

小猫蛤属（*Felaniella* Dall, 1899）

176. 灰双齿蛤

学名 *Felaniella usta*（Gould, 1861）

形态特征 壳长12～15mm。壳质较硬。壳近圆形，两壳侧扁。壳皮厚，褐色，有光泽，同心刻纹不规则。壳顶小，低平，略前倾，位于背部中央之前。壳的前部较短，后部向后腹缘延伸。壳内面灰白色，前肌痕上尖下宽，后肌痕呈菱形。两壳铰合部各有2枚主齿，左壳前主齿和右壳主齿较粗壮，其顶端分叉；两壳又各有1枚后侧齿，距后主齿都很远。外韧带褐色，细长，外露部分较大；内韧带在外韧带之下，位于1个高出于铰合部的菱形齿丘上。

生活习性及地理分布 冷水性种，标本采自水深40～60m的黄海冷水团范围内。我国黄海有分布；俄罗斯、日本也有分布。

大连市旅顺口区有分布。

凯利蛤科（Kelliidae Forbes & Hanley, 1848）

凯利蛤属（*Kellia* Turton, 1822）

177. 豆形凯利蛤

学名 *Kellia porculus* Pilsbry, 1904

形态特征 壳长6～8mm。壳质坚实。壳近球形，两壳极为膨胀。壳表被以薄的淡黄色壳皮，并饰以纤细生长线。壳顶位于中央偏前；壳的前端略尖，后部宽大，末端圆。壳内呈白色，可见壳表的生长线。铰合部各有枚主齿和后侧齿，韧带位于1个突出铰合部的着带板上。

生活习性及地理分布 栖息于50m以内的沙砾底。我国渤海和黄海有分布；朝鲜半岛和日本也有分布。

大连市内老虎滩、旅顺口区有分布。

心蛤科（Carditidae Férussac, 1822）

帘心蛤属（*Megacardita* Sacco, 1899）

178. 铁锈帘心蛤

学名 *Megacardita ferruginosa*（Adams & Reeve, 1850）

形态特征 壳长15～25mm。壳质坚厚。壳近三角形，两壳对称，密闭，极膨大。壳表具褐色壳皮，有14～16条粗大的放射肋，肋间沟窄。生长线明显突出于壳面，同放射肋相交形成密集的结节。壳顶尖而突出，位于中央之前弯向后方，后部钝圆。小月面深陷，呈心脏形，楯面细长；前肌痕呈肾形，后肌痕呈菱形；铰合部坚厚。

生活习性及地理分布 北方种。常栖息于潮间带的沙质海底。我国渤海和黄海有分布；朝鲜半岛和日本也有分布。

大连市内小平岛，金州区有分布。

鸟蛤科（Cardiidae Lamarck, 1809）

薄壳鸟蛤属（*Fulvia Gray, 1853*）

179. 滑顶薄壳鸟蛤

学名 *Fulvia mutica*（Reeve, 1854）

形态特征 壳长45～55mm。壳质薄脆。壳近球形，两壳极膨大。壳被淡黄色壳皮，边缘厚，中央薄。壳表有红色云斑，壳顶区颜色更浓。放射肋低平，46～50条。壳顶突出，位于背部偏前端，小月面长卵圆形，楯面呈梭形。壳内面淡红色，壳顶更浓；前肌痕呈肾形，后肌痕小而圆。外韧带发达，突出于铰合部外。

生活习性及地理分布 北方种。常栖息于潮间带至水深60m左右的海底。我国渤海和黄海有分布；朝鲜半岛和日本也有分布。

大连市内付家庄，瓦房店市长兴岛，庄河市有分布。

扁鸟蛤属（*Clinocardium* Keen, 1936）

180. 加州扁鸟蛤

学名　*Clinocardium californiense*（Deshayes, 1857）

形态特征　壳长40～50mm。壳质坚厚。壳呈圆形，两壳侧扁。壳表被壳皮，暗黄色，较厚。具45条左右宽而低平的放射肋，较光滑，肋间沟狭浅。壳顶位于近中央，壳体前后近对称。壳体前部生长纹稀疏，边缘密集，形成同心环状，似年轮。壳内面呈白色，内缘有锯齿状缺刻；前肌痕呈菱形，后肌痕呈椭圆形。外韧带发达。

生活习性及地理分布　北方种。常栖息于潮下带，水深23～77m的海底。我国黄海冷水团范围有分布；朝鲜半岛、日本和北美太平洋沿岸也有分布。

大连市长海县外海有分布。

大连地区俗称鸟贝。肉可食，味鲜美。

181. 黄色扁鸟蛤

学名 *Clinocardium buellowi*（Rolle, 1896）

形态特征 壳长35～45mm。壳质坚厚。壳呈圆形，与加州扁鸟蛤相似，但个体稍小，颜色略浅。壳顶较尖，具35条左右的放射肋。壳表有2条颜色较深的年轮状生长纹。

生活习性及地理分布 北方种。常栖息于潮下带的沙泥质海底。我国渤海和黄海有分布；朝鲜半岛和日本也有分布。

大连市长海县各岛有分布。

大连地区俗称鸟贝。肉可食，味鲜美。

蛤蜊科（Mactridae Lamarck, 1809）

蛤蜊属（*Mactra* Linnaeus, 1767）

182. 中国蛤蜊

学名 *Mactra chinensis*（Philippi, 1846）

形态特征 壳长55~65mm。壳质略薄，坚韧。壳呈三角形，两壳相等，较膨大，两侧不等。壳表呈黄褐色或蓝褐色，光滑具光泽。生长纹边缘较粗，内部细密。无放射肋。壳顶凸，位于背部中央略偏前方。前后端均略尖，腹缘平滑，呈弓形。壳内面呈白色或浅蓝色，肌痕十分明显，外套窦宽短。外韧带较弱，内韧带粗壮。

生活习性及地理分布 北方种，常见种。常栖息于潮间带的沙质海底，属于埋栖型贝类，营穴居生活。我国渤海、黄海和东海有分布，东海数量少；朝鲜半岛和日本也有分布。

大连市金州区，普兰店区，瓦房店市，庄河市有分布。

大连地区常见经济种，俗称飞蚬子、黄蚬子。肉可食，味鲜美。

183. 四角蛤蜊

学名 *Mactra quadrangularis* Reeve, 1854

形态特征 壳长35～50mm。壳质较厚。壳近四边形，两壳极凸，棱角分明。壳表较粗糙，生长纹突出，外被薄层淡黄色壳皮。壳顶突出，位于背部中央略偏前方。壳内面呈灰白色或淡紫色，肌痕较明显，外套窦宽短。外韧带细薄，三角形的内韧带较发达，两壳侧齿均极发达。

生活习性及地理分布 广分布种。常栖息于河口区附近的沙质海底，潮间带海底皆有分布。属于埋栖型贝类。营穴居生活，整个壳体埋于泥沙当中，仅由水管露出地面摄食、排泄。我国沿海均有分布，渤海和黄海习见种；朝鲜半岛和日本也有分布。

大连市金州区，普兰店区，瓦房店市，庄河市有分布。

大连地区常见经济种，自然资源多，俗称白蚬子。肉可食，味鲜美。

腔蛤蜊属（*Coelomactra* Dall, 1895）

184. 西施舌

学名 *Coelomactra antiquata*（Spengler, 1802）

形态特征 大型种类。壳长70~90mm。壳质薄而坚韧。壳近三角形，背缘较直，腹缘平滑。壳表呈黄褐色，光滑具光泽，生长纹细密。壳顶凸出，呈淡紫色，位于背缘略偏前方。小月面心脏形；楯面狭长，披针状，其周缘有一略凸出的脊。壳内面呈淡紫色，铰合部宽，内韧带大，侧齿发达，片状。足部肌肉发达，呈舌状，闭壳肌痕不明显。无外韧带。

生活习性及地理分布 广分布种。常栖息于潮间带的沙泥质海底，属于埋栖型贝类，营穴居生活。我国沿海均有分布，大连地区少见；印-太海域皆有分布。

大连市金州区，长海县各岛，庄河市有分布。

勒特蛤属（*Raeta* Gray, 1853）

185. 脆壳勒特蛤

学名 *Raeta pellicula*（Reeve, 1854）

形态特征 壳长45～55mm。壳质极薄脆。壳呈卵圆形，两壳前部极膨大，后部略扁平。壳表呈白色，无放射肋，波状生长纹细密突出。壳顶尖而突出，位于中央偏前侧。两壳闭合时，壳后端留有狭孔，无小月面和楯面。壳内面呈白色，前闭壳肌痕大于后闭壳肌痕，外套窦长椭圆形。内韧带发达，韧带槽明显。

生活习性及地理分布 广分布种。常栖息于潮间带和潮下带的泥沙质海底，属于埋栖型贝类，营穴居生活。我国沿海均有分布，但数量极少；印–太海域皆有分布。

大连市内夏家河子有分布。

中带蛤科（Mesodesmatidae Gray, 1840）

朽叶蛤属（*Coecella* Gray, 1853）

186. 中国朽叶蛤

学名　*Coecella chinensis*（Deshayes, 1855）

形态特征　壳长20～30mm。壳质薄而坚硬。壳呈卵圆形，两端较圆，腹缘略呈弧形。壳表光滑，无放射肋，具细密生长纹，外被黄褐色壳皮。壳顶位于背部中央偏后侧。壳内面呈白色，闭壳肌痕明显，外套窦细且浅。铰合部宽大，左右两壳各具主齿1枚、侧齿2枚。韧带槽大，内韧带三角形。

生活习性及地理分布　北方种。常栖息于潮间带的沙泥质海底，属于埋栖型贝类，营穴居生活。我国渤海和黄海有分布；日本房总半岛以南和印–太海域也有分布。

大连市旅顺口区，长海县各岛，庄河市有分布。

樱蛤科（Tellinidae Blainville, 1814）

明樱蛤属（*Moerella* Fischer, 1887）

187. 红明樱蛤

学名　*Moerella rutila*（Dunker, 1860）

形态特征　壳长15～25mm。壳质薄，有时半透明。壳呈三角形或近椭圆形，两壳略相等，两侧不等。壳表多为白色，有时为淡黄色或粉红色。壳顶尖，位居背缘中央或稍后倾，至后腹缘有一凸起的放射脊，无小月面和楯面。同心纹规则、细密。壳内面呈灰白色或淡红色，两壳各有2个主齿。外韧带明显，黄褐色。外套窦较深且大，与前肌痕不接触。

生活习性及地理分布　广分布种。常栖息于潮间带的泥沙质海底，属于埋栖型贝类，营穴居生活。我国沿海均有分布；朝鲜半岛和日本也有分布。

大连旅顺口区，金州区有分布。

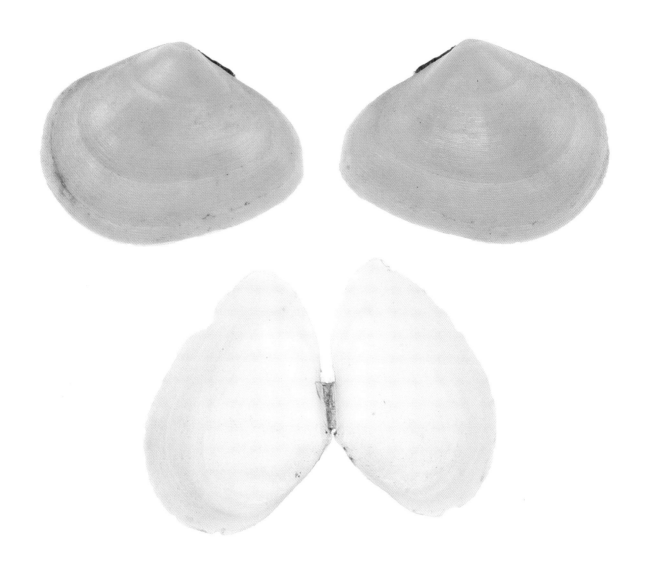

188. 彩虹明樱蛤

学名 *Moerella iridescens*（Benson, 1842）

形态特征 壳长15～25mm。壳质薄。壳呈三角形或近长椭圆形，前圆后尖，两壳近相等，但不契合，前后均有小开口。壳表底色为白色，略带粉红色，光滑，粉红色部位有彩虹光泽。同心纹细密、较规则，无放射肋。壳内面颜色与壳表略相同，闭壳肌痕明显。铰合部较窄，两壳各具2枚主齿。外套窦深，前端与前闭壳肌痕汇合，后端与腹缘相连。

生活习性及地理分布 广分布种。常栖息于潮间带的沙质或泥沙质海底，属于埋栖型贝类，营穴居生活。我国沿海均有分布；印–太海域皆有分布。

大连旅顺口区，金州区有分布。

大连地区俗称海瓜子。肉可食，味鲜美。

189. 江户明樱蛤

学名 *Moerella jedoensis*（Lischke, 1872）

形态特征 壳长15～25mm。壳质薄。壳型与彩虹明樱蛤相似，前后有小开口。壳表呈白色或淡红色，外被淡黄色壳皮。生长纹细密，偶尔可见放射褶。壳顶低，位于背部中央偏后侧。壳内面颜色与壳表相似，铰合部窄，两壳各具2枚主齿，皆呈"八"字形。外套窦较深，与前肌痕不接触，外套线与腹缘汇合。右壳前侧齿距主齿较远。

生活习性及地理分布 广分布种。常栖息于潮间带和潮下带的泥质或泥沙质海底，属于埋栖型贝类，营穴居生活。我国渤海、黄海和东海有分布；朝鲜半岛和日本也有分布。

大连市内夏家河子有分布。

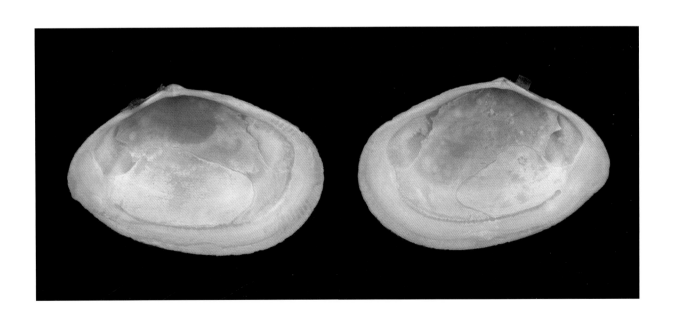

亮樱蛤属（*Nitidotellina* Scarlato, 1965）

190. 虹光亮樱蛤

学名　*Nitidotellina iridella*（Martens, 1865）

形态特征　壳长20～25mm。壳呈长椭圆形，扁平。壳质薄，半透明。壳表颜色多变，白色或粉红色，光滑具虹彩，无小月面和楯面。壳表同心纹与细弱的生长线以锐角相交。壳顶低矮，壳宽较小。壳内面颜色与壳表相似，闭壳肌痕较明显。铰合部窄，两壳中央齿明显，呈"八"字形。外套窦宽长，与前肌痕不相交，腹缘与外套线汇合。

生活习性及地理分布　广分布种。常栖息于潮间带和潮下带的沙泥质海底，属于埋栖型贝类，营穴居生活。我国沿海均有分布；朝鲜半岛和日本也有分布。

大连市旅顺口区和庄河市有分布。

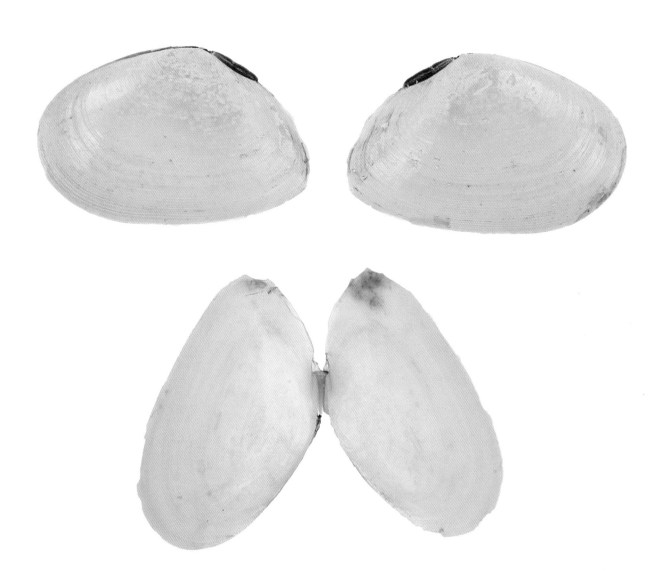

白樱蛤属（*Macoma* Leach, 1819）

191. 细长白樱蛤

学名 *Macoma praetexta*（Martens, 1865）

形态特征 壳长20～30mm。壳呈长椭圆形，两壳及两侧均不相等，有小开口。壳质中等厚。壳表呈淡粉色，光滑有光泽。生长线细密均匀，无放射肋，具有颜色深浅相间的同心带。壳顶低矮，位于背缘稍偏后端。壳内面颜色略浅，略具光泽，闭壳肌痕明显。铰合部窄，两壳各具2枚中央齿，无侧齿。外韧带明显，浅黄褐色。外套窦均不与前闭壳肌痕相交，但大部分与外套线汇合。

生活习性及地理分布 北方种。常栖息于潮间带的沙质海底，属于埋栖型贝类，营穴居生活。我国渤海和黄海有分布；日本也有分布。

大连市内夏家河子有分布。

192. 浅黄白樱蛤

学名 *Macoma tokyoensis* Makiyama, 1927

形态特征 壳长45～50mm。壳质坚厚。两壳不等。壳表具灰色壳皮，生长线不均匀，呈车轮状。右壳外套窦短；左壳外套窦长，接近前肌痕。其腹缘几乎完全同外套窦愈合。

生活习性及地理分布 冷水种。常栖息于潮间带至潮下带水深40m的粗沙质海底，属于埋栖型贝类，营穴居生活。我国渤海和黄海有分布；日本也有分布。

大连市内凌水湾有分布。

193. 异白樱蛤

学名 *Macoma incongrua* (Martens, 1865)

形态特征 壳长25~30mm。壳呈三角形或长三角形，两壳近相等，后端不契合，稍开口。壳质坚厚。壳表呈灰白色，外被浅棕色壳皮，生长线细弱且不规则，同心纹色深。壳顶稍凸，位于背缘略偏后端，小月面和楯面不明显。壳内面呈白色，略具光泽。铰合部较发达，两壳各具2枚主齿，无侧齿。左壳外套窦大于右壳，下缘部分或完全与外套线汇合。

生活习性及地理分布 北方种。常栖息于潮间带的泥沙质或沙砾质海底，属于埋栖型贝类，营穴居生活。我国渤海和黄海有分布；朝鲜半岛和日本也有分布。

大连旅顺口区，金州区，长海县各岛，庄河市有分布。

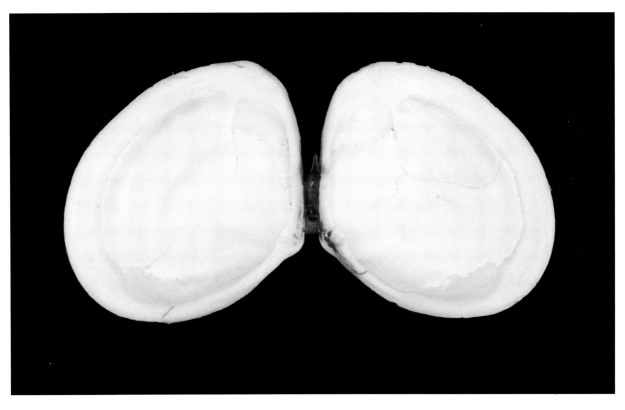

异白樱蛤属（*Heteromacoma* Habe, 1952）

194. 粗异白樱蛤

学名　*Heteromacoma irus*（Hanley, 1844）

形态特征　壳长45～55mm。壳质坚厚。壳呈三角形或长三角形，左壳略大于右壳，稍开口。壳表粗糙，呈灰白色，外被浅棕色壳皮。生长纹不规则，无放射肋，具明显放射褶。壳顶凸，位于背缘前端，稍向前倾斜。小月面小而深，楯面不明显。壳内面呈白色，闭壳肌痕明显。铰合部发达，两壳各具2枚主齿，无侧齿。外套窦较深，大部分与外套线汇合，未触及闭壳肌痕。

生活习性及地理分布　北方种。常栖息于潮间带的沙砾质海底，属于埋栖型贝类，营穴居生活。我国渤海和黄海有分布；朝鲜半岛和日本均有分布。

大连市旅顺口区，长海县各岛，庄河市有分布。

双带蛤科（Semelidae Stoliczka, 1870）

理蛤属（*Theora* H. &A. Adams, 1856）

195. 脆壳理蛤

学名 *Theora lata*（Hinds, 1843）

形态特征 壳长15～20mm，大者可达24mm。壳近长椭圆形，扁平。壳质薄。壳表呈白色，半透明，有光泽。无放射肋，生长纹细密、略显。壳顶略显，稍偏向前端。壳内面颜色与壳表相同，自壳顶至前腹缘有1条白色的细肋。具外韧带和内韧带。铰合部右壳有2枚主齿，左壳有1枚。外韧带较弱，内韧带发达，位于主齿之后的较大韧带槽内。

生活习性及地理分布 广分布种。常栖息于潮下带的软泥质或泥沙质海底，属于埋栖型贝类，营穴居生活。我国渤海、黄海、东海和南海均有分布；印–太海域皆有分布。

大连市金州区，瓦房店市，长海县各岛有分布。

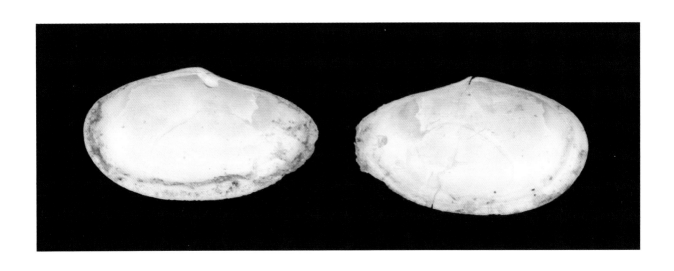

紫云蛤科（Psammobiidae Fleming, 1828）

圆滨蛤属（*Nuttallia* Dall, 1900）

196. 紫彩血蛤

学名 *Nuttallia ezonis* Kuroda & Habe, in Habe, 1955

形态特征 壳长40～45mm。壳质薄且硬。壳呈长椭圆形，左壳与右壳相比较扁平。壳表光滑有光泽，外被一层橄榄色、较厚的壳皮。生长纹细密且明显，水管区则无生长纹或生长纹不明显，自壳顶向下向后有颜色深浅相间的同心色带。壳顶略凸，位于近中央的位置。壳内面紫色与白色相混杂。铰合部齿丘发达，两壳各有2枚主齿，无侧齿。外套窦宽而长，大部与外套线汇合。外韧带极发达。

生活习性及地理分布 广分布种。常栖息于潮间带的沙质海底，属于埋栖型贝类，营穴居生活。我国沿海均有分布；朝鲜半岛和日本也有分布。

大连市金州区，瓦房店市，长海县各岛有分布。

大连地区俗称蝴蝶贝。肉可食，味鲜美。

紫蛤属（*Sanguinolaria* Lamarck, 1799）

197. 黑紫蛤

学名 *Sanguinolaria atrata*（Reeve, 1857）

形态特征 壳长90~100mm。壳质坚厚。壳呈长椭圆形，前后端稍开口，前端钝圆、后端截形。壳表外被墨绿色壳皮，壳顶处常因壳皮脱落而露出白色底质。生长纹细密，较明显，自壳顶斜向后方有2条浅色放射带。壳顶略凸，位于背缘近前端。壳内面呈灰紫色与白色混杂，光滑具光泽。闭壳肌痕略显，外套窦长，前窄后宽。铰合部较发达，两壳各有2枚较大的铰合齿。褐色的外韧带较发达。

生活习性及地理分布 广分布种。常栖息于潮间带的细沙质海底，属于埋栖型贝类，营穴居生活。我国沿海均有分布，大连地区数量很少；印–太海域皆有分布。

大连市长海县各岛有分布。

粗沙蛤属（*Gobraeus* Brown, 1844）

198. 砂栖蛤

学名　*Gobraeus kazusensis*（Yokoyama, 1922）

形态特征　壳长55～65mm，大者可达80mm。壳质坚厚。壳呈长椭圆形，两壳相等，两侧不等，后端开口较明显。壳表呈乳白色，外被一层较薄的淡褐色壳皮。生长纹粗糙且不规则，前后端呈褶状，放大镜下可见斜切生长纹的细线，无放射肋。壳顶略凸，近前端。壳内面呈白色，有光泽。两壳铰合部各具2枚主齿，无侧齿。外套窦宽大，部分与外套线汇合。

生活习性及地理分布　北方种。常栖息于潮间带的沙质海底，属于埋栖型贝类，营穴居生活。我国黄海有分布，大连地区数量较少；朝鲜半岛和日本也有分布。

大连旅顺口区，长海县各岛有分布。

截蛏科（Solecurtidae d'Orbigny, 1846）

截蛏属（*Solecurtus* Blainville, 1842）

199. 总角截蛏

学名 *Solecurtus divaricatus*（Lischke, 1869）

形态特征 壳长60~75mm。壳质坚硬。壳近长方形，前端钝圆，后端略呈斜截形，两端开口，背缘与腹缘较直，几近平行。壳表白色，外被黄褐色壳皮，壳皮常脱落。生长线细密且较粗糙，有自上缘向下延伸的斜线，壳后端部有粗糙的人字形刻纹。壳顶略凸，近前方。壳内面白色与粉红色混杂，壳顶至腹缘有2条白色放射带。两壳各有2枚主齿，无侧齿。外套窦深且长，约2/3与外套线汇合。外韧带发达，呈褐色三角形。

生活习性及地理分布 广分布种。常栖息于潮间带的沙质海底，属于埋栖型贝类。我国沿海均有分布；印-太海域皆有分布。

大连市旅顺口区，金州区，长海县各岛有分布。

竹蛏科（Solenidae Lamarck, 1809）

竹蛏属（*Solen* Linnaeus, 1758）

200. 大竹蛏

学名 *Solen grandis* Dunker, 1861

形态特征 壳长100～120mm。壳质薄脆。壳呈竹筒状，前端截形，后端钝圆，背腹平直且相互平行。壳表光滑，生长线细密且明显，背区有淡红色与乳白色相间的色带。外被黄绿色壳皮，壳顶处常脱落。壳顶不明显，位于贝壳最前端。壳内面白色，后背区可见与壳外相对应的色带。铰合齿不发达，两壳各有1枚短小的主齿，外套痕明显。

生活习性及地理分布 广分布种。常栖息于潮间带的泥沙质海底，属于埋栖型贝类。我国沿海均有分布；印–太海域也有分布。

大连市金州区，瓦房店市，长海县各岛，庄河市有分布。

大连地区俗称大蛏子。足部肌肉发达，肉质肥美。

201. 长竹蛏

学名 *Solen strictus* Gould, 1861

形态特征 壳长90～100mm。壳质薄脆。壳呈细圆柱形，壳长为壳高的5～6倍。壳表光滑，生长纹明显，外被黄绿色壳皮，腹缘壳皮较完整，壳顶部常脱落。壳顶不明显，位于贝壳最前端。两壳闭合后，前后两端均开口。壳内面白色与淡黄褐色混杂，有光泽。铰合部不发达，两壳各具1枚主齿。前闭壳肌痕极细长、部分个体中超过韧带长度。

生活习性及地理分布 广分布种。常栖息于潮间带的泥沙质海底，属于埋栖型贝类。我国沿海均有分布；朝鲜半岛和日本也有分布。

大连市金州区，瓦房店市，长海县各岛，庄河市有分布。

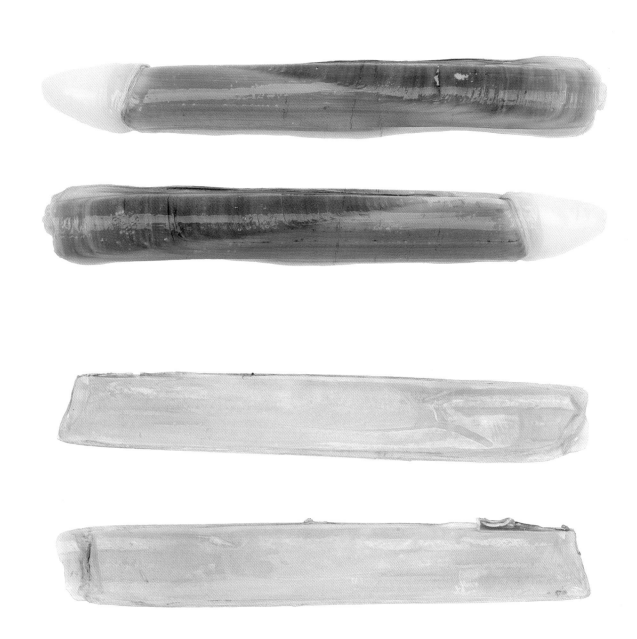

202. 黑田竹蛏

学名 *Solen kurodai* Habe, 1964

形态特征 壳长60～70mm。壳长约为壳高的5.5倍。壳口前后端均呈截形，特别是后端背角和腹角均不呈弧形，几乎成直角，背缘和腹缘平直。壳表具黄色壳皮。壳内面白色，间有紫色同心纹。

生活习性及地理分布 常栖息于潮间带的泥沙质海底，潜沙生活。我国黄海有分布；日本、澳大利亚也有分布。

大连市金州区有分布。

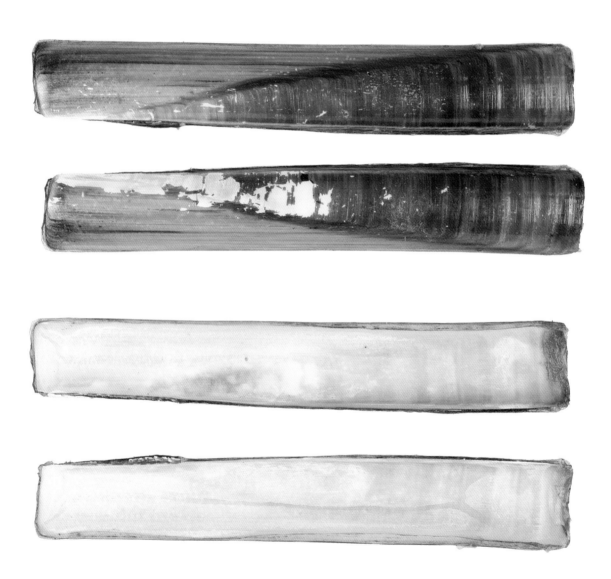

灯塔蛤科（Pharidae H. & A. Adams, 1856）

刀蛏属（*Cultellus* Schumacher, 1817）

203. 小刀蛏

学名　*Cultellus attenuatus* Dunker, 1861

形态特征　壳长65～85mm。壳质薄。壳细长，呈长椭圆形，两壳侧扁，前端钝圆，向后渐狭。壳表光滑，底质呈白色，外被薄层黄色壳皮，由壳顶至后腹缘略显现1条斜线，通常斜线上方颜色较下方淡。背缘平直，腹缘后部渐向上稍倾斜。壳顶不明显，位于背缘前端约1/4处。壳内面呈白色或粉红色。铰合部窄，右壳2枚主齿、左壳3枚主齿。外韧带发达，呈黑色三角形。

生活习性及地理分布　广分布种。常栖息于潮间带的泥沙质海底，属于埋栖型贝类，营穴居生活。我国沿海均有分布，大连地区数量较少；印－太海域也有分布。

大连市金州区，瓦房店市有分布。

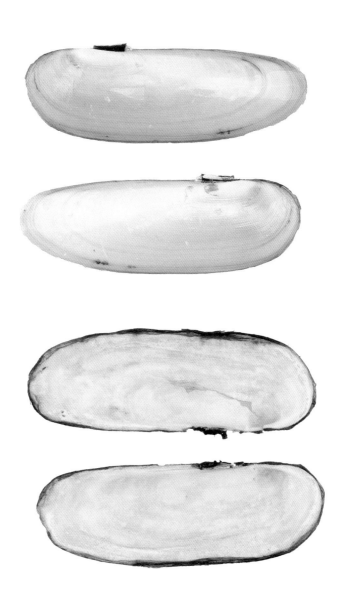

荚蛏属（*Siliqua* Megerle von Mühlfeld, 1811）

204. 小荚蛏

学名 *Siliqua minima*（Gmelin, 1791）

形态特征 壳长20～30mm。壳近长椭圆形，前端略大于后端。壳质薄脆。壳表呈灰白色，光滑有光泽，外被淡褐色壳皮，靠近壳顶部壳皮易脱落。壳顶稍凸起，位于背缘前方，中部略向内凹。壳内面呈灰白色，两壳主齿之间各有1个较为明显的内肋延伸至近腹缘。韧带不甚发达，微凸出，黑褐色。外套窦浅，楔形。

生活习性及地理分布 广分布种。常栖息于潮间带的软泥或泥沙质海底，河口区分布较多，属于埋栖型贝类，营穴居生活。我国沿海均有分布；印–太海域也有分布。

大连市金州区有分布。

205. 薄荚蛏

学名 *Siliqua pulchella*（Dunker, 1852）

形态特征 壳长35～45mm。壳质极薄脆，半透明。壳呈长椭圆形，壳长、壳高比大于小荚蛏。壳表平滑有光泽，淡紫色与白色相间分布，自壳顶至腹缘有1条较宽的白色放射带。生长线细密均匀。壳内面呈淡紫色与白色混杂、有光泽，自壳顶至腹缘有1条强壮内肋。壳表可见与内肋相对应的白色放射带。韧带狭长，黑褐色；外套窦较短，前端钝圆。

生活习性及地理分布 广分布种。常栖息于潮间带的泥沙质海底，属于埋栖型贝类，营穴居生活。我国沿海有分布；印-太海域也有分布。

大连市内大黑石、夏家河子有分布。

缢蛏属 (*Sinonovacula* Annandale & Prashad, 1924)

206. 缢蛏

学名　*Sinonovacula lamarcki* Huber, 2010

形态特征　壳长55~85mm。壳质薄脆。壳近长方形，两壳前后端不契合，闭合时两端均有开口。壳表白色，外被黄绿色壳皮，壳顶部壳皮常脱落，生长线粗糙。壳顶略显，位于背缘前端约1/4处，自壳顶部斜向后腹缘有一较深的缢痕。壳内面白色，与壳表缢痕相对处凸起。外套窦宽短，部分与外套线汇合。

生活习性及地理分布　广分布种。常栖息于潮间带的泥沙质海底，也见于河口区，属于埋栖型贝类，营穴居生活。我国沿海均有分布；日本也有分布。

大连市金州区，瓦房店市，长海县各岛，庄河市有分布。

大连地区常见经济种类，俗称小人鲜。肉可食，味鲜美，可制成罐头，有较大的经济价值。大连地区人工养殖历史悠久。

饰贝科（Dreissenidae Gray in Turton, 1840）

恋蛤属（*Peregrinamor* Shoji, 1938）

207. 大岛恋蛤

学名 *Peregrinamor ohshimai* Shoji, 1938

形态特征 壳长10～15mm。壳质薄。壳近似贻贝，两壳极膨大。壳表呈灰黄色，外被皱褶状黄褐色壳皮，同心纹细密。壳顶较尖，位于最前端，两壳顶间有较大间隔。背部略呈弧形，腹部微显中凹。壳内面呈灰白色，有较弱的珍珠光泽。铰合部无齿，在前方有1个突起。韧带桥接于两壳之间。

生活习性及地理分布 北方种。常栖息于潮间带，与大蝼蛄虾*Upogebia major* de Haan共生，从贝壳腹缘中部伸出足丝，附着在大蝼蛄虾腹部第二、三2对步足间。我国渤海和黄海有分布；日本也有分布。

大连市旅顺口区，金州区，瓦房店市，庄河市有分布。

棱蛤科（Trapezidae Lamy, 1920）

棱蛤属（*Trapezium* Megerle von Mühlfeld, 1811）

208. 纹斑棱蛤

学名　*Trapezium liratum*（Reeve, 1843）

形态特征　壳长35~45mm。壳质坚厚。壳呈长卵圆形，两壳相等，两侧不等。壳表呈灰白色，常有淡紫褐色放射状条纹。同心纹粗糙，近背缘处隆起，呈层叠状。壳顶位于背缘前侧；小月面明显，心脏形；楯面狭长，略向内凹陷。壳内面白色，后部多呈紫褐色。两壳各具2枚主齿和1枚后侧齿。

生活习性及地理分布　广分布种。常栖息于潮间带的岩礁质海底，以腹缘中部发出的足丝营固着生活。我国沿海均有分布；印–太海域也有分布。

大连市内老虎滩、付家庄、小平岛，金州区，长海县各岛，庄河市有分布。

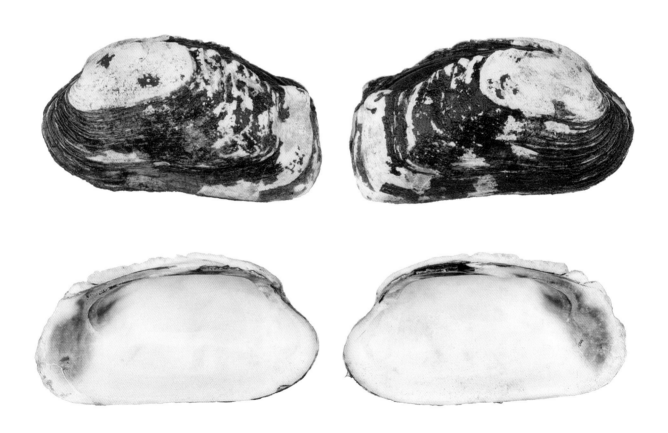

帘蛤科（Veneridae Rafinesque, 1815）

石房蛤属（*Saxidomus* Conrad, 1837）

209. 紫石房蛤

学名 *Saxidomus purpurata*（Sowerby, 1852）

形态特征 壳长100～110mm。壳质极坚厚。壳近卵圆形，两壳极膨大。壳表棕黑色，生长纹粗糙且突出壳面。壳顶向前弯曲；小月面不明显；楯面较平，几乎完全被发达的外韧带所占据。两端钝圆，腹缘较平直。壳内面呈光亮的黑紫色。左壳4枚主齿；右壳3枚主齿、2枚侧齿。

生活习性及地理分布 北方种。常栖息于潮间带以下的沙质海底，属于埋栖型贝类。我国渤海和黄海有分布；朝鲜半岛和日本也有分布。

大连市金州区，长海县各岛，庄河市有分布。

大连地区常见经济种，俗称大蛤儿、天鹅蛋。肉可食，味鲜美。

文蛤属（*Meretrix* Lamarck, 1799）

210. 短文蛤

学名　*Meretrix petechialis*（Lamarck, 1810）

形态特征　壳长70～80mm。壳质较厚。壳近三角形。壳表光滑有光泽，外被一层光滑似漆的壳皮。壳顶较尖，前背缘直，后背缘凸。前端圆，后端略尖。小月面明显，中央隆起。楯面较长，一直延伸至背缘后端。壳面颜色和花纹依个体不同有很大变化，生长纹细密且不规则，无放射肋。壳内面光滑有光泽，铰合齿强壮，外套窦宽短。黑色的外韧带粗短且发达。

生活习性及地理分布　广分布种。常栖息于潮间带的沙质海底，属于埋栖型贝类。我国沿海均有分布；朝鲜半岛和日本也有分布。

大连市金州区，普兰店区，瓦房店市，庄河市有分布。

大连地区常见经济种，俗称马蹄蛤、花蛤。肉质鲜美，是大连重要的滩涂养殖品种。

镜蛤属（*Dosinia* Scopoli, 1777）

211. 日本镜蛤

学名 *Dosinia japonica*（Reeve, 1850）

形态特征 壳长60～75mm。壳型较大。壳质坚厚。壳呈圆形，侧扁。壳表呈白色，较平滑。生长纹明显，其间由浅细的环形沟纹间隔，前后端生长纹略翘起，呈薄片状。壳顶尖而前倾，位于背部前端1/3处；小月面深陷，楯面较宽。壳内面白色，有光泽，韧带埋于壳内。外套痕明显，外套窦深。

生活习性及地理分布 常栖息于潮间带的泥沙质海底，属于埋栖型贝类，埋栖深度较深，其潜沙处的地表面留有酒杯状小凹陷。我国沿海均有分布；朝鲜半岛、日本和俄罗斯远东也有分布。

大连市旅顺口区，金州区，庄河市有分布。

大连地区俗称沙叉。肉可食。

212. 饼干镜蛤

学名 *Dosinia biscocta*（Reeve, 1850）

形态特征 壳长30～40mm。在本属中是壳型较小者。壳质坚厚。壳呈圆形，侧扁。壳长同壳高近相等。壳表呈白色，较平滑。壳顶较尖，偏向前侧，小月面内凹，背缘平直，楯面狭长。生长纹细密，后端生长纹微翘起，前端呈走向不规则的皱纹。壳内面呈白色，外套痕明显，外套窦较深。外韧带不凸出。

生活习性及地理分布 广分布种。常栖息于潮间带的泥沙质海底，属于埋栖型贝类。我国沿海均有分布；日本也有分布。

大连市旅顺口区，金州区，庄河市有分布。

213. 薄片镜蛤

学名 *Dosinia corrugata*（Reeve, 1850）

形态特征 壳长50～60mm。壳质较薄脆，壳近四边形。壳表灰白色，较粗糙。生长纹细密，后缘生长纹微翘起。壳顶低矮，位于背缘偏前侧，前倾。小月面较平，楯面狭长。壳内面白色。外套窦深，末端钝，呈指状，向前缘延伸。两壳各有3枚主齿，左壳有1个较小的前侧齿。

生活习性及地理分布 广分布种。常栖息于潮间带的泥沙质海底，属于埋栖型贝类。我国沿海均有分布；西太平洋沿岸也有分布。

大连市庄河市有分布。

大连地区俗称蛤叉。肉可食，味鲜美。

凸卵蛤属（*Pelecyora* Dall, 1902）

214. 凸卵蛤

　　学名　　*Pelecyora corculum*（Römer, 1870）

　　形态特征　　壳长20～30mm。壳质结实。壳呈圆形，两壳较膨凸。壳表呈黄白色，生长纹明显，略凸出壳面。壳顶尖而凸出，位于背缘近中央，前倾。小月面大，心脏形；楯面狭长。壳内淡黄色，前肌痕长卵圆形，后肌痕近圆形。外套痕明显，外套窦深，尖端延伸至壳中心。韧带埋于壳内。左壳3枚主齿、1枚侧齿；右壳3枚主齿、2枚较弱的前侧齿。

　　生活习性及地理分布　　广分布种。常栖息于潮间带和潮下带的泥沙质海底，属于埋栖型贝类。我国沿海均有分布；印度尼西亚、印度、巴基斯坦等地也有分布。

　　大连市旅顺口区和庄河市有分布。

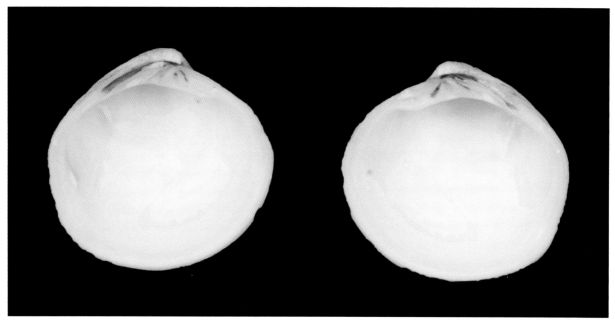

青蛤属（*Cyclina* Deshayes, 1850）

215. 青蛤

学名 *Cyclina sinensis*（Gmelin, 1791）

形态特征 壳长80～90mm。壳质结实。壳近圆形，两壳较膨大，壳高大于壳长。壳表呈黄棕色，壳顶附近生长纹细密，近腹缘处渐变粗糙而微凸出壳面，有纤细的放射线存在。壳顶尖而突出，位于背缘近中央，向前倾斜。壳内面白色与淡紫色混杂，内缘有分布均匀的齿状缺刻。小月面和楯面界限不清晰。外套痕清晰，外套窦深。

生活习性及地理分布 广分布种。常栖息于潮间带的泥质或泥沙质海底，属于埋栖型贝类。我国沿海均有分布；朝鲜半岛和日本也有分布。

大连市金州区，瓦房店市，庄河市有分布。

大连地区常见经济种，俗称牛眼蛤。肉可食，味鲜美。

蛤仔属（*Ruditapes* Chiamenti, 1900）

216. 菲律宾蛤仔

学名   *Ruditapes philippinarum*（Adams & Reeve, 1850）

形态特征   壳长45～55mm。壳质结实。壳呈长椭圆形。壳顶稍突出，略前倾，位于背缘前侧近1/3处。不同产地的蛤仔壳表花纹多种多样，通常为淡褐色、红褐色与灰白色花纹相混杂。放射肋细密，为90～107条，两端的生长线及放射肋均较凸出，相交呈布纹状。壳内面多为灰白色或淡黄色，铰合部较窄，两壳各具3枚主齿。外韧带不甚发达。

生活习性及地理分布   广分布种。常栖息于潮间带的泥沙质海底，属于埋栖型贝类。我国沿海均有分布；印-太海域皆有分布。

大连市金州区，瓦房店市，长海县各岛，庄河市有分布。

大连地区常见经济种，俗称沙蚬子、花蚬子、蚬子。肉可食，味鲜美。人工养殖历史悠久，产量很高。

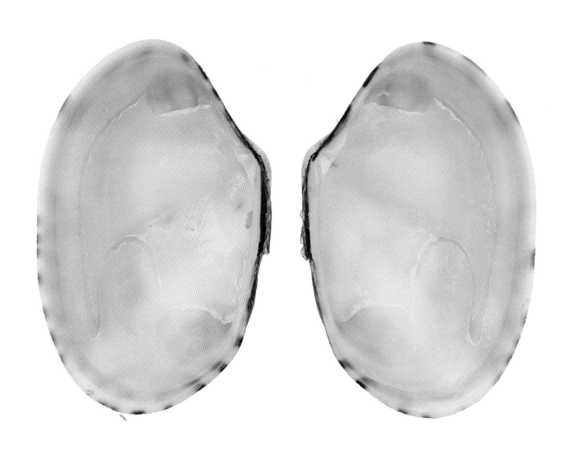

浅蛤属（*Gomphina* Mörch, 1853）

217. 等边浅蛤

学名 *Gomphina aequilatera*（Sowerby, 1825）

形态特征 壳长30~40mm。壳质较坚厚。壳近等边三角形。壳表光滑，颜色变化较大，多为乳白色或白色底质，上具淡紫褐色V形花纹，生长纹纤细且不规则。壳顶位于背缘中央，尖而凸出，指向上方。小月面较长，楯面不明显。壳内面呈白色，壳缘光滑，铰合齿发达。外套痕明显，外套窦深。

生活习性及地理分布 广分布种。常栖息于潮间带的沙质海底，属于埋栖型贝类。我国沿海均有分布，大连地区数量较少；朝鲜半岛和日本也有分布。

大连市金州区，长海县各岛，庄河市有分布。

布目蛤属（*Protothaca* Dall, 1902）

218. 江户布目蛤

学名 *Protothaca jedoensis*（Lischke, 1874）

形态特征 壳长40～55mm。壳质坚厚。壳近圆形，两壳较膨大。壳表呈黄棕色，杂有颜色较深的斑纹。生长纹较细，与粗壮的放射肋相交，呈格子状刻纹。壳顶部十分饱满，顶尖各自向内弯曲。小月面心脏形，棕色；楯面狭长。壳内面呈灰白色，有光泽。周缘具有细锯齿状缺刻。外韧带发达。

生活习性及地理分布 北方常见种。常栖息于潮间带的泥沙质海底，属于埋栖型贝类。我国渤海和黄海有分布，东海分布较少；朝鲜半岛、日本和俄罗斯远东地区也有分布。

大连市金州区，长海县各岛，庄河市有分布。

大连地区俗称麻蚬子。肉可食，味鲜美。

219. 真曲布目蛤

学名 *Protochaca euglypta*（Sowerby, 1914）

形态特征 壳长30～40mm。与江户布目蛤相似，但本种宽度较小，相对较侧扁，壳表的放射肋较细弱，数目更多。放射肋同生长线相交形成肋上细密的结节。小月面内陷，心脏形，界线十分明确；楯面细长披针状，内陷。壳内面白色，内缘具细小的齿状缺刻，外套窦浅；前后肌痕皆呈卵圆形。

生活习性及地理分布 冷水性种，北方常见种。常栖息于潮间带的粗沙和砾石环境。我国黄海北部有分布；日本和俄罗斯远东海也有分布。

大连市金州区，长海县各岛，庄河市有分布。

大连地区俗称麻蚬子。肉可食，味鲜美。

和平蛤属（*Clementia* Gray, 1842）

220. 薄壳和平蛤

学名 *Clementia vatheleti* Mabille, 1901

形态特征 壳长60～80mm，大者可达95mm。壳质薄脆。壳呈卵圆形。壳表呈灰白色，外被淡褐色壳皮，壳皮常脱落。生长纹较细，粗糙，排列不甚规则，部分呈褶皱状。壳顶凸出，位于背缘稍前侧，前倾。小月面较大、略凹，楯面不明显。壳内白色，可见生长纹。外套窦较深，顶端尖，呈指状，向壳顶部延伸；外韧带短。

生活习性及地理分布 北方种。常栖息于潮间带的软泥质海底，属于埋栖型贝类。我国渤海和黄海有分布，但数量较少；朝鲜半岛和日本也有分布。

大连市庄河市有分布。

硬壳蛤属（*Mercenaria* Schumacher, 1817）

221. 硬壳蛤

学名 *Mercenaria mercenaria*（Linnaeus, 1758）

形态特征 壳长50～65mm。壳质坚硬而厚实。壳近三角形。壳表灰褐色，其表面具有明显的生长纹和放射纹。壳顶突出前倾，小月面呈心形，楯面狭长。壳内缘具齿状缺刻，两壳各有3枚主齿，无侧齿。外套窦短而尖，外韧带发达。

生活习性及地理分布 栖息在潮间带至水深15m的海底。其自然种群栖息于北美大西洋沿岸，是美国大西洋沿岸浅海和滩涂重要的经济双壳贝类之一。我国于1997年由中国科学院海洋研究所引入，该物种能够适应大连海域的自然环境并繁殖。

绿螂科（Glauconomidae Gray, 1853）

绿螂属（*Glauconome* Gray, 1828）

222. 薄壳绿螂

学名 *Glauconome primeana* Crosse & Debeaux, 1863

形态特征 壳长20～30mm。壳质较薄。壳近长椭圆形。壳表底质为灰白色，外被褐色或绿褐色壳皮。生长纹细密，前后端较粗糙，自壳顶至腹缘有一缢痕，不甚明显。壳顶位于背缘偏前侧，小月面及楯面不明显，有外韧带。壳内面大部白色，略带淡蓝色，有珍珠光泽。两壳各具3枚主齿，无侧齿。外套痕清楚；外套窦深，呈指状，向壳中部延伸至近壳顶下方。

生活习性及地理分布 北方种。常栖息于潮间带有淡水注入的沙质或泥沙质区域，属于埋栖型贝类。我国渤海和黄海有分布。

大连市旅顺口区，金州区，瓦房店市，长海县各岛，庄河市有分布。

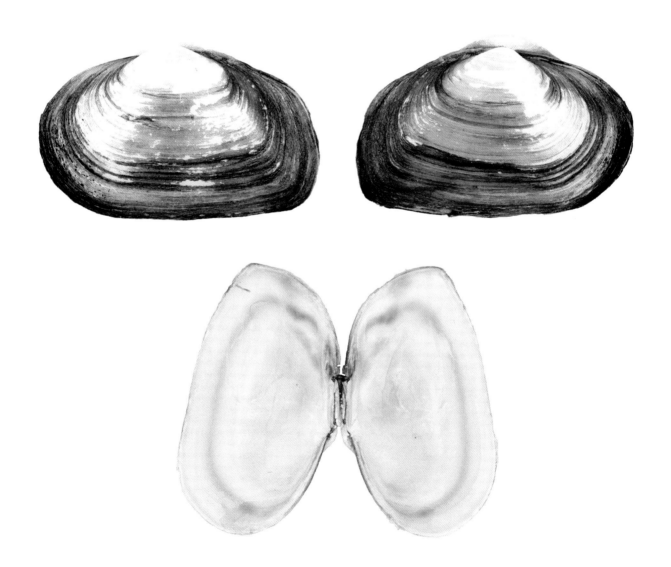

海螂科（Myidae Lamarck, 1809）

海螂属（*Mya* Linnaeus, 1758）

223. 砂海螂

学名　*Mya arenaria* Linnaeus, 1758

形态特征　大型种类。壳长80～100mm，大者可达106mm。壳横卵圆形，前端钝圆，由壳顶至后端渐细，末端略尖，腹缘弧形。前后端不契合，均开口。壳质坚厚。壳表呈灰白色，外被土黄色壳皮，生长线粗糙。壳顶位于中央之前，无小月面和楯面。壳内面呈白色，右壳铰合部具1个三角形韧带槽，左壳具有1个强大的着带板。外套窦较明显，水管极长，充分伸展时长度可达壳长的几倍，宽且深。

生活习性及地理分布　北方种。常栖息于潮间带的泥沙质海底，属于埋栖型贝类。我国渤海和黄海有分布；北太平洋和北大西洋沿岸也有分布。

大连市金州区，瓦房店市，长海县各岛，庄河市有分布。

大连地区俗称呲子。肉可食，味鲜美。

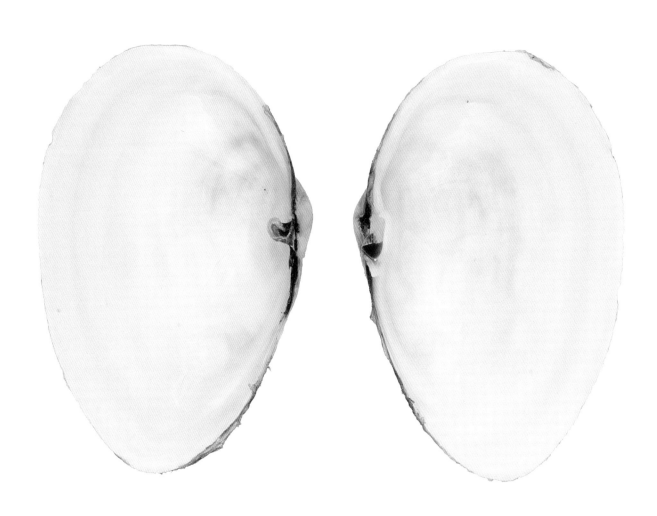

隐海螂属（*Cryptomya* Conrad, 1848）

224. 椭圆隐海螂

学名　*Cryptomya elliptica*（A. Adams, 1851）

形态特征　壳长15~20mm。壳质结实。壳呈卵圆形，前端钝圆，后端截形，有小开口，两壳侧扁。壳表外被较薄一层淡黄色壳皮，放射线细密且规则。壳顶低矮，位于背缘近中央处。壳内白色，具珍珠光泽。外套膜完整，无外套窦。左壳铰合部有1个大的着带板，其前有1枚小齿。

生活习性及地理分布　常栖息于有淡水注入的河口区潮间带，属于埋栖型贝类。我国渤海、黄海和东海有分布；日本也有分布。

大连市内夏家河子有分布。

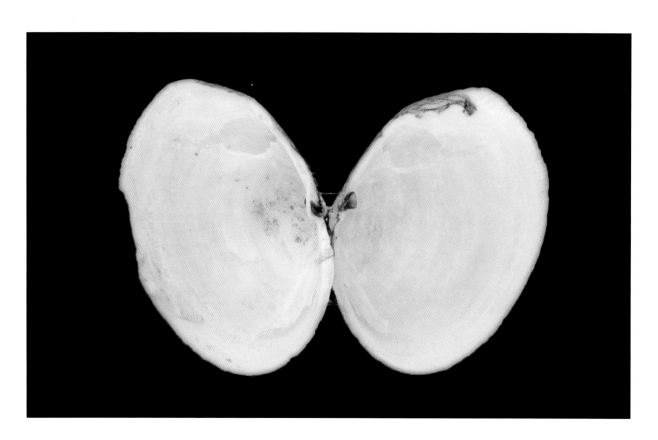

篮蛤科（Corbulidae Lamarck, 1818）

河篮蛤属（*Potamocorbula* Habe, 1955）

225. 黑龙江河篮蛤

学名 *Potamocorbula amurensis*（Schrenck, 1861）

形态特征 壳长20～30mm。壳质较轻薄。壳近卵圆形或长卵形。两壳不等，左壳小，右壳大而较膨胀。壳表呈灰白色，外被一层较薄的淡黄色壳皮。生长线细弱，右壳具不甚明显的放射肋。壳顶突出，右壳顶较左壳顶膨大。壳内面呈白色，有时略显淡蓝色。壳缘稍加厚，此特征右壳更明显。

生活习性及地理分布 广分布种。常栖息于河口区的软泥质海底，属于埋栖型贝类。我国沿海均有分布；朝鲜半岛、日本和俄罗斯远东地区也有分布。

大连市金州区，长海县各岛，庄河市有分布。

226. 光滑篮蛤

学名 *Potamocorbula laevis*（Hinds, 1843）

形态特征 壳长8～11mm。壳呈等腰三角形，前后近相等，两壳不等，右壳大于左壳。两壳壳顶接近，位于背部近中央处。壳质较薄。壳皮土黄色，遍布壳表面。生长线细弱。壳顶位于背部中央之前。壳内白色，前肌痕椭圆形，后肌痕近圆形。外套窦浅。

生活习性及地理分布 广分布种。常栖息于河口区的软泥质海底，属于埋栖型贝类。我国沿海均有分布。

大连市庄河市有分布。

大连地区俗称沫蛤、海砂子。肉可食，味鲜美。

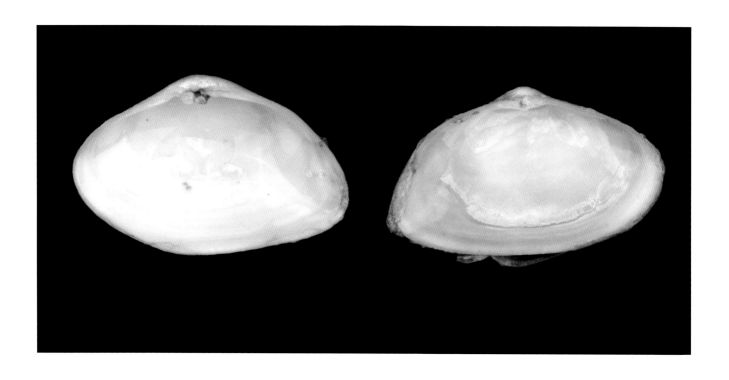

缝栖蛤科（Hiatellidae Gray, 1824）

缝栖蛤属（*Hiatella* Bosc, 1801）

227. 东方缝栖蛤

学名 *Hiatella orientalis*（Yokoyama, 1920）

形态特征 壳长15~20mm。壳质薄脆。壳形不规则，近长方形，常扭曲。背缘与腹缘近平行，两壳及两侧均不等。壳表呈灰白色，外被一层较薄的淡黄色壳皮。生长线不规则，较粗糙，无放射肋。壳顶略凸，近前端，自壳顶至后腹缘有一脊，上有两列小齿。壳内面呈白色，有珍珠光泽。外韧带略显，铰合齿不发达。

生活习性及地理分布 常栖息于潮间带和潮下带的岩礁质或沙泥质海底，以足丝附着于岩石缝隙或其他水下固体上生活，有巢居习性。我国渤海和黄海习见种；朝鲜半岛和日本也有分布。

大连市内老虎滩、付家庄、小平岛，金州区，长海县各岛，庄河市有分布。

大连地区俗称大米蛤。肉可食。

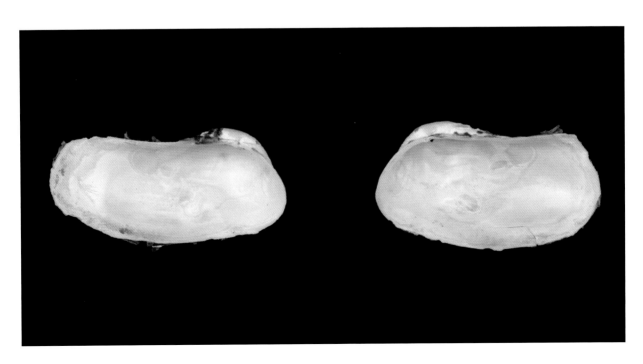

海神蛤属（*Panopea* Menard, 1807）

228. 日本海神蛤

学名　*Panopea japonica*（Adams, 1850）

形态特征　壳长100～120mm。壳质薄脆。壳近长方形，前端钝圆，后端截形，背缘较直，腹缘浅弧形，前后两端开口。壳表底质白色，外被一层较厚的褐色壳皮，壳皮常脱落。生长纹波状，较粗糙，无放射肋。壳顶较凸出，位于背缘中央稍偏前。壳内白色，闭壳肌痕小而圆。铰合齿不发达，仅左壳有1枚主齿，两壳皆无侧齿。水管很长，不能缩入壳内。

生活习性及地理分布　北方种。常栖息于潮下带的沙质或泥沙质海底，属于埋栖型贝类，营穴居生活。我国黄海北部有分布；日本也有分布。

大连市庄河市有分布。

大连地区俗称小象拔蚌。肉可食，味鲜美。

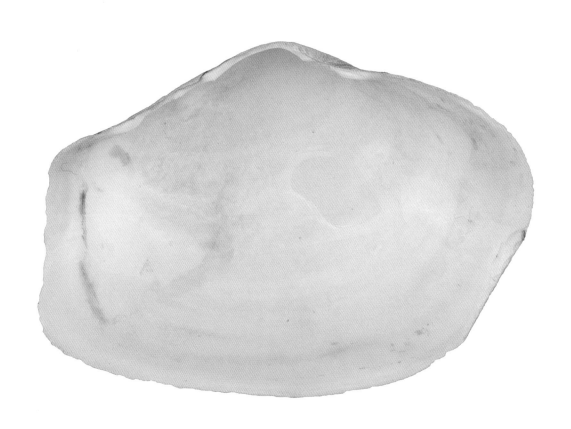

海笋科（Pholadidae Lamarck, 1809）

全海笋属（*Barnea* Leach, 1862）

229. 大沽全海笋

学名 *Barnea davidi*（Deshayes, 1874）

形态特征 壳长90～100mm。壳质薄脆。壳近椭圆形。壳表呈白色。生长纹与放射肋均较稀疏，相交处形成突出的小棘。两壳仅在壳顶及腹缘中部相连，其余部位均有开口。壳高与壳宽近相等，壳顶位于背缘前侧。壳前端短小，呈嘴状，前部背缘向外方卷转形成原板的附着面。由壳顶向后延伸，壳形渐细，呈锥形。壳内面呈白色，有与壳外相对应的肋纹。外套窦明显。

生活习性及地理分布 中国特有种。常栖息于潮间带的泥沙质海底，属于埋栖型贝类，营穴居生活。我国渤海、黄海和东海有分布。

大连市金州区，长海县各岛，庄河市有分布。

大连地区俗称布鸽鲜。肉可食，味极美。

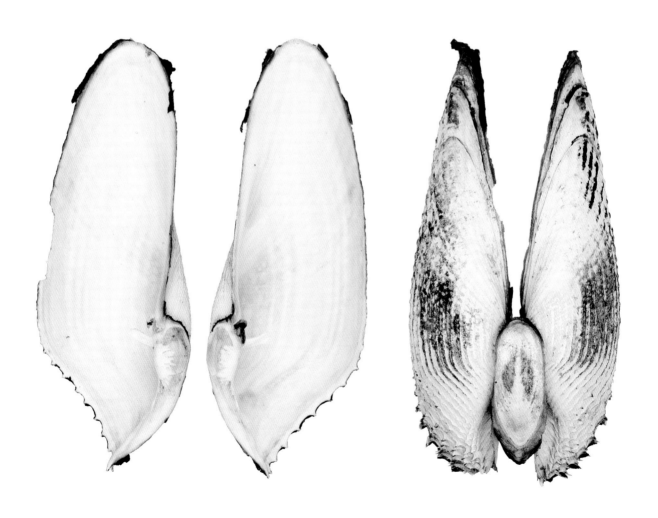

230. 宽壳全海笋

学名 *Barnea dilatata*（Souleyet, 1843）

形态特征 壳长80~90mm。壳质薄脆。壳近长卵圆形，前后端宽度几乎相等，两壳闭合时，前后端有小开口。壳表呈白色。壳前部较粗的同心肋与放射肋相交处形成三角形小棘，由前向后，放射肋逐渐细弱，直至消失。外被黑褐色壳皮，壳顶附近壳皮多脱落。壳顶位于背缘稍偏前侧，前部背缘外卷形成原板的附着面。壳前端尖，后端截形。壳内面呈白色，分布着与壳表相对应的肋纹。

生活习性及地理分布 广分布种。常栖息于河口区或低潮线附近的软泥滩中，属于埋栖型贝类，营穴居生活。我国沿海均有分布；印-太海域皆有分布。肉可食用，味道鲜美。

大连市庄河市有分布。

盾海笋属（*Aspidopholas* Fischer, 1887）

231. 吉村马特海笋

学名 *Aspidopholas yoshimurai*（Kuroda & Termachi, 1930）

形态特征 壳长20～30mm。壳质薄。壳呈长卵形，两壳膨大，闭合时后端开口，前端腹面开口。壳表淡黄色，具1条背腹沟，其前生长线近锯齿状，向后则逐渐细弱。壳顶偏前侧，自壳顶向前的背缘向外卷转。壳内面呈白色，无铰合齿和韧带，壳内柱细长。

生活习性及地理分布 广分布种。常栖息于潮间带的岩石区，耐旱，营穴居生活。穿孔于石灰岩，破坏港湾建筑。我国沿海有分布；日本也有分布。

大连市内老虎滩、付家庄、小平岛，金州区，长海县各岛，庄河市有分布。

船蛆科（Teredinidae Rafinesque, 1815）

船蛆属（*Teredo* Linnaeus, 1758）

232. 船蛆

学名　*Teredo navalis* Linnaeus, 1758

形态特征　壳长3.5~4.0mm。壳质薄脆。只包被壳体最前端，前后端大开口，外露的软体部呈蠕虫状。两壳膨大，合抱时近球形。壳表呈白色，分前中后三区。前区短小，呈三角形，具10~30条细刻纹；中区高大；后区有环状生长线。铰合部无齿和韧带，仅在顶部及腹面有一交接突起，壳内柱细长。

生活习性及地理分布　广分布种。常栖息于船只等水下物体的木材当中，营穴居生活。幼体凿穴而居，一般终生不再移动，对船舶等危害严重。我国沿海均有分布；世界各大洋沿海广泛分布。

大连市旅顺口区，金州区，长海县各岛有分布。

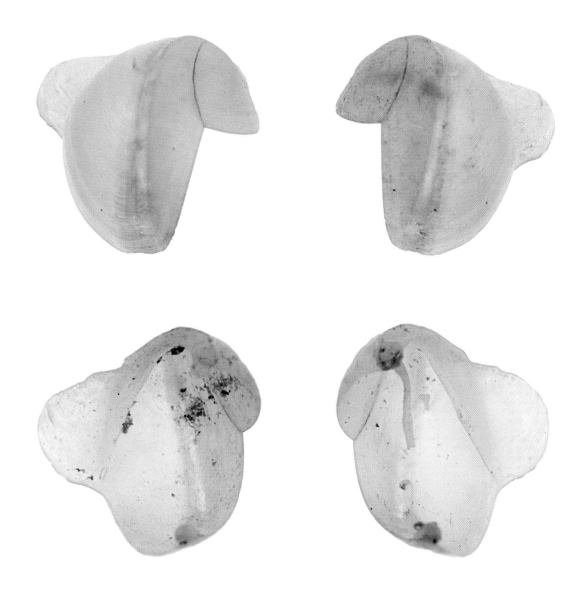

里昂司蛤科（Lyonsiidae Fischer, 1887）

长带蛤属（*Agriodesma* Dall, 1909）

233. 舟形长带蛤

学名　*Agriodesma navicula*（Adams & Reeve, 1850）

形态特征　壳长60~70mm。壳质厚。壳近长方形。壳顶膨大，位置极近前端，前背缘短。壳的后部长，后背缘长而平直，几乎同腹缘平行。壳表被有一层很厚的深褐色壳皮。壳内面珍珠层较厚，具光泽，前肌痕肾脏形，后肌痕略呈桃形。内韧带长，其上附有1个细长的石灰质韧带片。

生活习性及地理分布　北方种。常栖息于潮间带和潮下带的沙质海底。我国黄海有分布；日本也有分布。

大连市旅顺口区，长海县各岛，庄河市有分布。

鸭嘴蛤科（Laternulidae Hedley, 1918）

鸭嘴蛤属（*Laternula* Röding, 1798）

234. 渤海鸭嘴蛤

学名 *Laternula marilina*（Reeve, 1860）

形态特征 壳长45～55mm。壳质薄脆。壳呈长卵圆形，半透明。背缘自壳后端至前端略向下斜。壳表呈灰白色，前端及腹缘常被淡黄色壳皮，生长纹细密且明显，有自壳顶至腹缘的放射脊，壳体前部外表面有粒状凸起。壳顶稍凸出，位于背缘近中央。壳内面呈灰白色，有珍珠光泽。铰合部无齿，左右两壳自壳顶穴引出一小匙形突起，即为韧带槽。

生活习性及地理分布 广分布种。常栖息于潮间带或潮下带的泥沙质海底，属于埋栖型贝类，营穴居生活。我国沿海均有分布；印-太海域皆有分布。

大连市内大黑石、夏家河子，瓦房店市有分布。

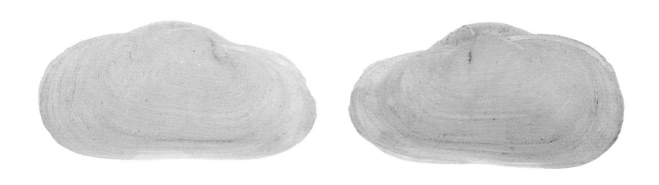

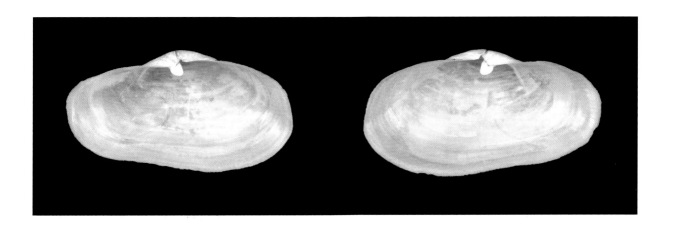

235. 鸭嘴蛤

学名 *Laternula anatina*（Linnaeus, 1758）

形态特征 壳长35～50mm。壳质极薄脆，半透明。壳近长方形，末端微翘起。壳表呈白色，光滑有光泽。生长纹细密且明显，腹侧边缘布满细密的颗粒状凸起。壳顶较凸出，位于背缘偏后侧。壳内面呈灰白色，有珍珠光泽。无铰合齿，左、右两壳由顶穴伸出一匙状韧带槽。

生活习性及地理分布 广分布种。常栖息于潮间带或潮下带的泥沙质海底，营穴居生活。我国沿海均有分布；印–太海域皆有分布。

大连市内大黑石、夏家河子，瓦房店市有分布。

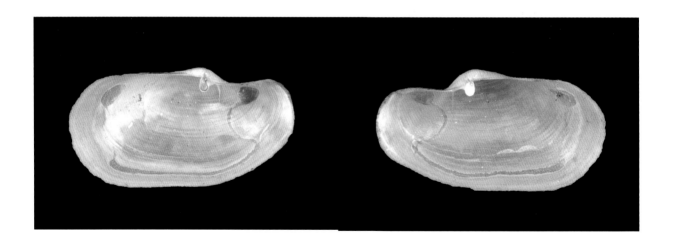

色雷西蛤科（Thraciidae Stoliczka, 1870）

色雷西蛤属（*Thracia* Sowerby, 1823）

236. 细巧色雷西蛤

学名 *Thracia concinna* Gould, 1861

形态特征 壳长15～20mm。两壳不等，壳薄脆，半透明。壳顶尖细、微前倾，壳后端呈截形。右壳上有一钝的放射脊从壳顶延伸到后腹角。壳表同心线不明显。壳表有细微的颗粒凸起，后端更大。

生活习性及地理分布 较罕见，我国仅发现长江口的细沙中，栖息于23～43m深处。日本也有分布。

大连市夏家河子有分布。

大连沿海首次记录种。

注：作者在大连夏家河子海域退潮后的沙滩上采集到1枚活体，个体较大，16mm；文献记录的长江口个体较小，8mm左右；日本报道20mm左右。

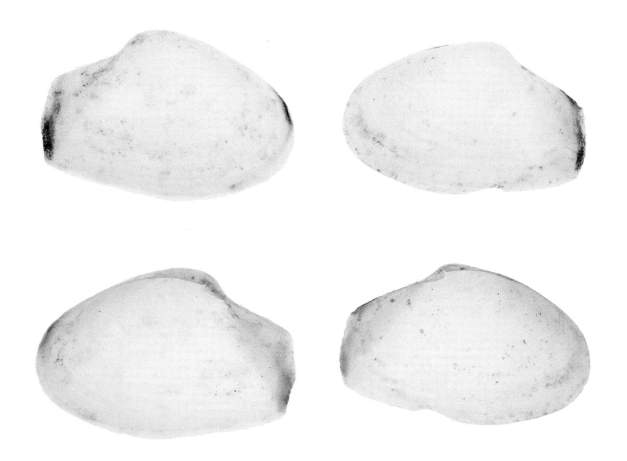

七、头足纲
（Cephalopoda Cuvier，1798）

柔鱼科（Ommastrephidae Steenstrup, 1857）

褶柔鱼属（*Todarodes* Steenstrup, 1880）

237. 太平洋褶柔鱼

学名　*Todarodes pacificus* Steenstrup, 1880

形态特征　成体最大胴长可达300mm。胴体圆锥形。胴长约为胴宽的5倍。体表具大小相间的近圆形色素斑。胴背中央至肉鳍后端具黑褐色宽带，头部背面两侧和无柄端中央颜色近黑褐色。鳍长约为胴长的1/3，两鳍相接略呈横菱形。无柄腕长度接近，腕吸盘2行，角质环部分具尖齿。触腕穗吸盘4行，中间2行大吸盘角质环具尖齿与半圆形齿相间的齿列；边缘、顶部和基部吸盘较小，大小吸盘角质环部分具尖齿，触腕柄顶部具2行稀疏交错排列的吸盘。内壳角质，呈狭条形，中轴细，边肋粗，末端具1个中空的狭菱形"尾椎"。

生活习性及地理分布　广分布种，常栖息于浅海中上层水域，垂直活动范围较大。我国沿海均有分布；西太平洋分布较广，日本产量很大。

大连市旅顺口区，长海县各岛，庄河市有分布。

枪乌贼科（Loliginidae Lesueur, 1821）

枪鱿属（*Loliolus* Steenstrup, 1856）

238. 日本枪乌贼

学名 *Loliolus japonica*（Hoyle, 1885）

形态特征 胴长80～100mm，大者可达120mm。胴部呈圆锥形。体表具大小相间的近圆形色素斑，浓密明显，胴背极发达。鳍长超过胴长的1/2，后部内弯，两鳍相接略呈纵菱形。无柄腕吸盘2行，角质环具宽板齿7、8个。触腕穗吸盘4行，中间2行大，大吸盘角质环具宽板齿20个左右，小吸盘角质环具很多尖齿。内壳角质，披针叶形，后部略狭，中轴粗壮，边肋细弱，叶脉细密。

生活习性及地理分布 常栖息于浅海，营游泳生活，有洄游习性。我国渤海、黄海、东海有分布；日本也有分布。

大连市旅顺口区，金州区，长海县各岛，庄河市有分布。

乌贼科（Sepiidae Leach, 1817）

乌贼属（*Sepia* Linnaeus, 1758）

239. 金乌贼

学名 *Sepia esculenta* Hoyle, 1885

形态特征 胴长120～180mm，大者可达210mm。胴部呈盾形，胴长约为胴宽的2倍。眼的后方有1个皮肤突出的线性肋。体表黄色色素比较明显。无柄腕吸盘4行，角质环具钝齿小齿。触腕穗半月形，吸盘小而宽，约10行左右，角质环具钝齿。内壳角质，呈椭圆形，背面具同心环状排列的石灰质颗粒，3条纵肋较平而不甚明显，腹面的横纹面略呈单峰型，峰顶略尖，中央有1条纵沟，壳的后端骨针粗壮。

生活习性及地理分布 广分布种。为浅海中下层的洄游性种类，游泳较慢，喜集群，种类较大，有趋光习性；具昼夜活动节律，昼沉夜浮，但距离较短；同类相残习性明显。我国沿海均有分布；印-太海域皆有分布。

大连市旅顺口区，长海县各岛，庄河市有分布。

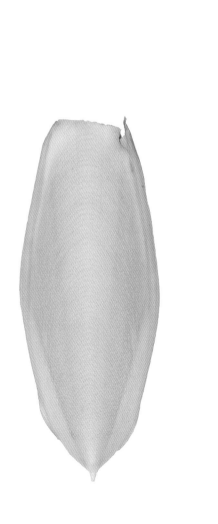

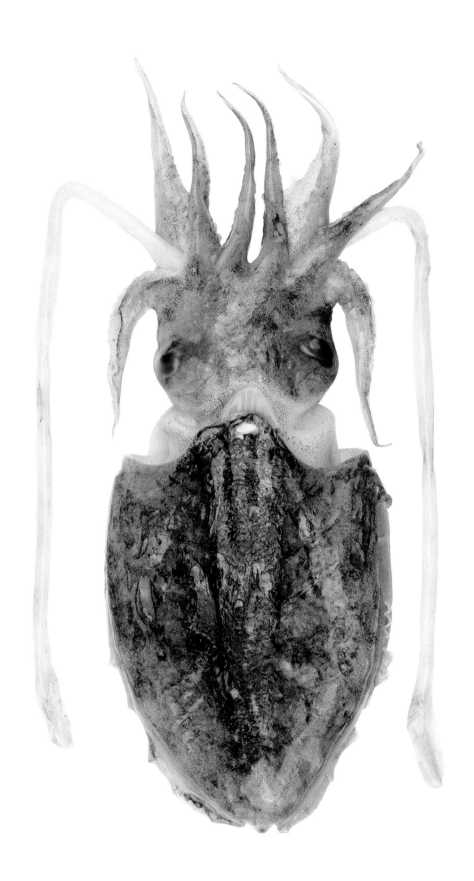

240. 日本无针乌贼（曼氏无针乌贼）

学名 *Sepiella japonica* Sasaki, 1929

形态特征 胴长120～180mm，最大胴长可达200mm。胴部呈盾形。体表具很多近椭圆形的白花斑，为致密的褐色素所衬托，分外明显。无柄腕吸盘4行，雄性腕吸盘角质环尖齿明显而长；雌性腕吸盘角质环小齿或不明显，或为短栅状。触腕穗呈狭柄形，吸盘约20行、小而密，角质环大都具颗粒状小齿。内壳石灰质，椭圆形；外圆锥体后端特宽而薄，半透明，并有纵横的稀疏细纹。壳的背面具同心环状排列的石灰质颗粒，细而密，中央具1条明显隆起的纵肋。壳的后端不具骨针，在胴腹后端生有1个皮脂腺性质的腺孔。

生活习性及地理分布 广分布种。常栖息于浅海，游泳生活，喜集群。我国沿海均有分布；印-太海域皆有分布。

大连市旅顺口区，长海县各岛，庄河市有分布。

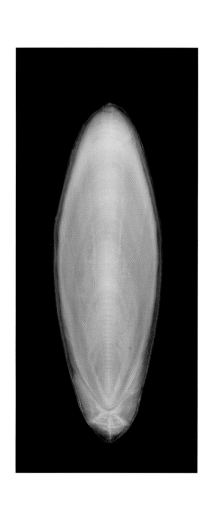
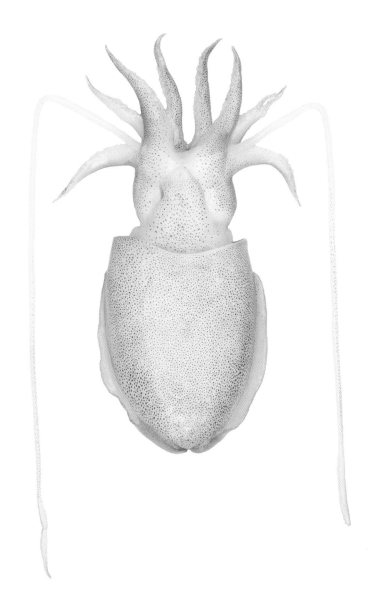

耳乌贼科（Sepiolidae Leach, 1817）

耳乌贼属（*Sepiola* Leach, 1817）

241. 双喙耳乌贼

学名 *Sepiola birostrata* Sasaki, 1918

形态特征 胴长10～20mm，大者可达22mm。胴部圆袋形，长宽之比约为10：7。体表具很多色素斑点。无柄腕吸盘2行，角质环不具齿。腕触穗略膨突，短小；吸盘较小，约10余行，细绒状。内壳退化。直肠两侧各具1个颇大的马鞍形腺体发光器。

生活习性及地理分布 广分布种。常栖息于浅海，游泳能力很弱，平时潜伏沙中，营底栖生活，繁殖季中有很短距离的洄游移动。我国沿海均有分布；朝鲜半岛、日本和俄罗斯远东地区（萨哈林岛）也有分布。

大连市旅顺口区，长海县各岛，庄河市有分布。

大连地区常见经济贝类，可食用或加工成干制品，俗称墨鱼豆。

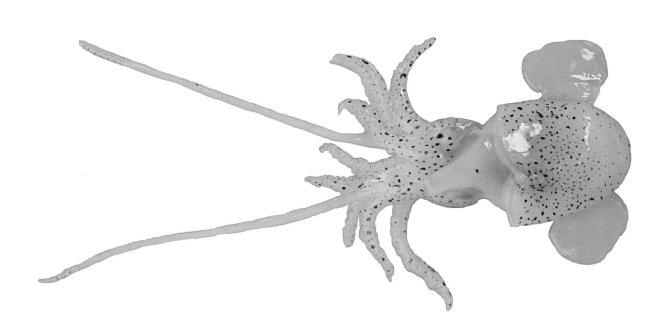

蛸科（章鱼科）（Octopodidae d'Orbigny, 1840）

蛸属（章鱼属）（*Octopus* Lamarck, 1798）

242. 短蛸

学名   *Octopus fangsiao* Orbigny, 1835

形态特征   胴部呈卵圆形。成体胴长可达80mm。体表具很多近圆形颗粒，头部短小，两侧各有1个发达的眼，眼的前方位于第二对和第三对腕间，各生有1个近椭圆形的大金圈，圈径与眼径相近，背面两眼间生有1个明显的近纺锤形浅色斑块。短腕型，各腕长度相近，腕吸盘2行。漏斗器W形。中央齿为五尖形。第一侧齿甚小，齿尖居中；第二侧齿基部边缘略凹，两端约等距；第三侧齿近似弯刀状。

生活习性及地理分布   广分布种。常栖息于浅海，营底栖生活，有洄游习性。我国沿海均有分布；日本也有分布。

大连市旅顺口区，长海县各岛，庄河市有分布。

俗称短腿蛸、饭蛸、四眼乌、坐蛸、八带蛸、桃花蛸。本种肉质较软嫩，鲜食、干制均为佳品，还具有药用价值。

243. 长蛸

学名 *Octopus minor*（Sasaki, 1920）

形态特征 胴部呈长卵形。成体胴长可达150mm。表面光滑，两眼间无斑块，两眼前也无金圈。体表光滑，具极细的色素点斑。长腕型，第一对腕最长也最粗，吸盘2行。鳃片数为9~10个。漏斗器W形，中央齿为五尖形。第一侧齿甚小，齿尖居中；第二侧齿基部边缘较平，齿尖略偏一侧；第三侧齿近似弯刀状。

生活习性及地理分布 广分布种。常栖息于浅海，营底栖生活，具钻穴能力。我国沿海均有分布，渤海和黄海习见种；朝鲜半岛和日本也有分布。

大连市旅顺口区，长海县各岛，庄河市有分布。

俗称长腿蛸、马蛸、石拒、长爪章。本种肉质较硬，鲜食口感不如短蛸，干制较佳，也具有药用价值。

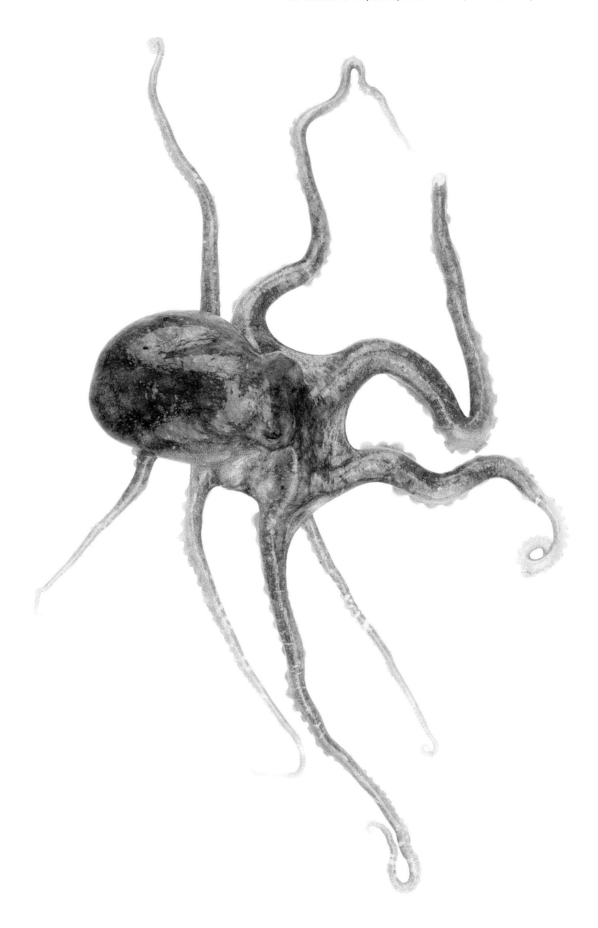

八、标本采集展示

红条毛肤石鳖

异毛肤石鳖

函馆锉石鳖

皱纹盘鲍

寇氏小节贝

史氏背尖贝

托氏蝐螺

单齿螺

锈凹螺

布纹平厣螺

短 滨 螺

强肋锥螺

纵带滩栖螺

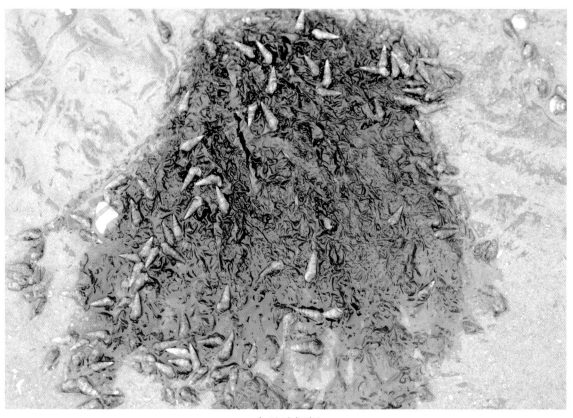

古氏滩栖螺

扁 玉 螺

广大扁玉螺

拟紫口玉螺

短沟纹鬈螺

疣荔枝螺

钝角口螺

润泽角口螺

内饰乌秣螺

钩翼紫螺

布尔小笔螺

朝鲜蛾螺

侧平肩螺

香螺海上生产（獐子岛）

皮氏蛾螺

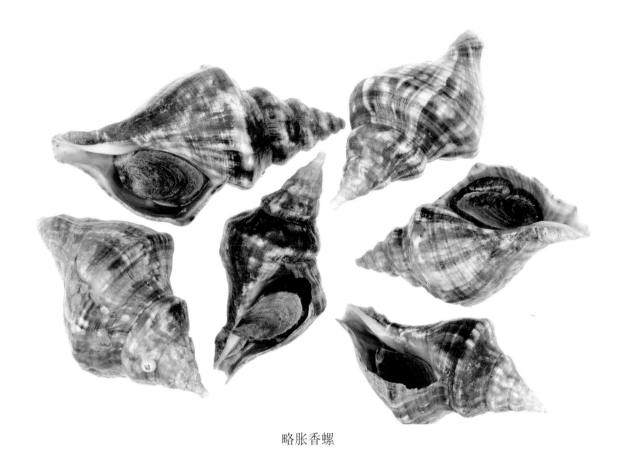

略胀香螺

小鼠脊蛾螺

纵肋织纹螺和秀丽织纹螺

红带织纹螺和纵肋织纹螺

金 刚 螺

环沟笋螺

泰勒笋螺

耳 梯 螺

纯洁梯螺

尖高阿玛螺

米拉娜塔螺

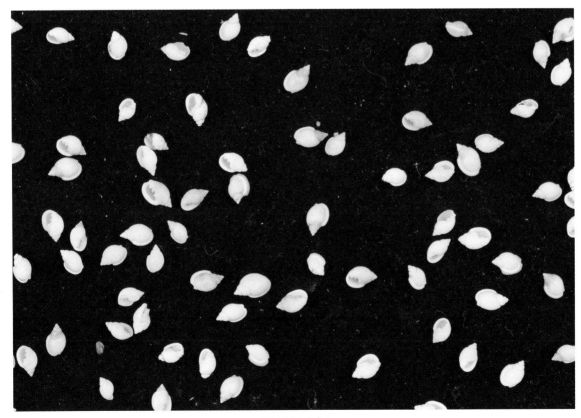

耳口露齿螺

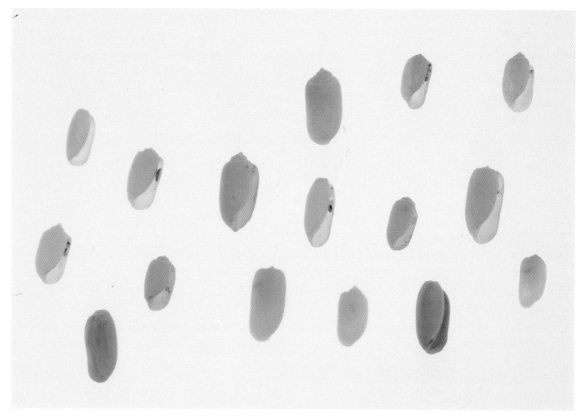

勋章饰孔螺

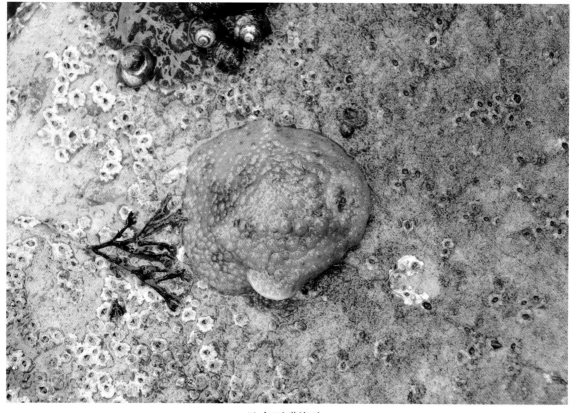

日本石磺海牛

布氏蚶

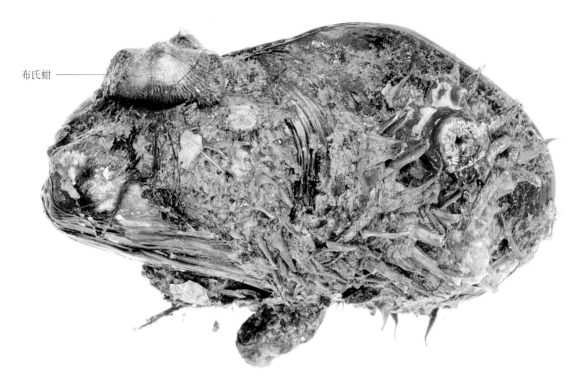

附着在毛偏顶蛤上的布氏蚶

紫贻贝

凸壳肌蛤

海湾扇贝

虾夷扇贝

栉孔扇贝

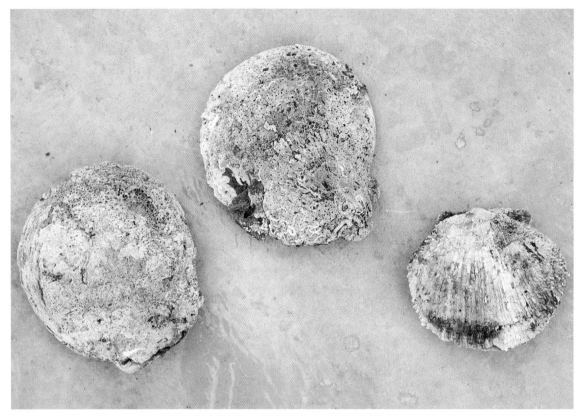

岩 扇 贝

长 牡 蛎

中国蛤蜊

四角蛤蜊

异白樱蛤

紫彩血蛤

大 竹 蛏

缢 蛏

寄生在大蝼蛄虾上的大岛恋蛤

大岛恋蛤

纹斑棱蛤

紫石房蛤

薄片镜蛤

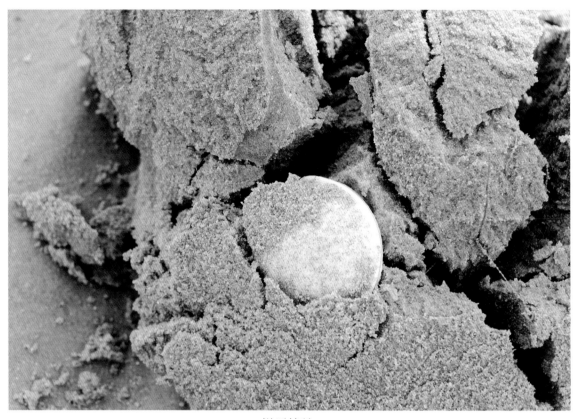

饼干镜蛤

青　蛤

菲律宾蛤仔

菲律宾蛤仔（斑马蛤）

硬 壳 蛤

砂 海 螂

光滑篮蛤

黑龙江河篮蛤

东方缝栖蛤

日本海神蛤

大沽全海笋

渤海鸭嘴蛤

参考文献

董正之，2002. 中国动物志 软体动物门 腹足纲 原始腹足目 马蹄螺总科 [M]. 北京：科学出版社.

董正之，1988. 中国动物志 软体动物门 头足纲 [M]. 北京：科学出版社.

李凤兰，林民玉，2000. 中国近海蛾螺科的初步研究 I. 唇齿螺属及甲虫螺属 [J]. 海洋科学集刊，42：108–115.

马绣同，1982. 我国的海产贝类及其采集 [M]. 北京：海洋出版社.

马绣同，张素萍，2000. 中国近海蛇首螺科和两新种的研究 [J]. 海洋科学集刊，42：146–152.

齐钟彦，马绣同，楼子康，等，1983. 中国动物图谱 软体动物（第二册）[M]. 北京：科学出版社.

齐钟彦，马绣同，王贞瑞，等，1989. 黄渤海的软体动物 [M]. 北京：农业出版社.

齐钟彦，1998. 中国经济软体动物 [M]. 北京：中国农业出版社.

王如才，1988. 中国水生贝类原色图鉴 [M]. 杭州：浙江科学技术出版社.

王祯瑞，1997. 中国动物志 软体动物门 双壳纲 贻贝目 [M]. 北京：科学出版社.

徐凤山，1997. 中国海双壳类软体动物 [M]. 北京：科学出版社.

张玺，齐钟彦，马绣同，等，1964. 中国动物图谱 软体动物（第一册）[M]. 北京：科学出版社.

张玺，齐钟彦，张福绥，等，1963. 中国海软体动物区系区划的初步研究 [J]. 海洋与湖沼，5（2）：124–138.

张素萍，张福绥，2007. 中国近海核果螺属和小核螺属（腹足纲，骨螺科，红螺亚科）的分类研究 [J]. 海洋科学，31（9）：62–66.

张素萍，张福绥，2005. 中国近海荔枝螺属的研究（腹足纲：骨螺科）[J]. 海洋科学，29（8）：75–83.

张素萍，2003. 中国近海玉螺科的研究III. 乳玉螺亚科 [J]. 动物学杂志，38（4）：101–110.

张素萍，张均龙，陈志云，等，2016. 黄渤海软体动物图志 [M]. 北京：科学出版社.

郑小东，曲学存，曾晓起，等，2013. 中国水生贝类图谱 [M]. 青岛：青岛出版社.

庄启谦，2001. 中国动物志 软体动物门 双壳纲 帘蛤科 [M]. 北京：科学出版社.

Abbott R T，Dance S P，1983. Compendium of Seashells [M]. New York：Odyssey Publishing.

Okutani T M，2000. Marine Mollusks in Japan [M]. Tokyo：Tokai University Press.

Qi Z Y，2004. Seashells of China [M]. Beijing：China Ocean Press.

Salvini-Plawen L，Steiner G，1996. Synapomorphies and plesiomorphiesin higher classification of Mollusca. Origin and Evolutionary Radiation of the Mollusca [J]. Oxford：Oxford University Press，29–51.

Springsteen F J，Leobrera F M，1986. Shells of the Philippines [M]. Philippiness：Carfel Seashell Museum.

Zhang S P，Wen P，2010. Three new species of genus *Cryptonatica*（Gastropoda，Naticidae）from Huanghai Sea Cold Water Mass [J]. *Acta Oceanologica Sinica*，29（1）：52–57.

中文名索引

拉丁名索引

图书在版编目（CIP）数据

大连地区海产贝类原色图鉴 / 姜大为等编著. — 北京：中国农业出版社，2019.6
ISBN 978-7-109-24171-8

Ⅰ.①大… Ⅱ.①姜… Ⅲ.①贝类－大连－图谱
Ⅳ.①Q959.215-64

中国版本图书馆CIP数据核字（2018）第118571号

大连地区海产贝类原色图鉴
DALIAN DIQU HAICHAN BEILEI YUANSE TUJIAN

中国农业出版社出版
地址：北京市朝阳区麦子店街18号楼
邮编：100125
责任编辑：林珠英　黄向阳
版式设计：屈　明　　　　责任校对：林珠英
印刷：北京中科印刷有限公司
版式：2019年6月第1版
印次：2019年6月北京第1次印刷
发行：新华书店北京发行所
开本：889mm×1194mm　1/16
印张：22
字数：720千字
定价：398.00元